U0123036

心一堂術數古籍珍本叢刊

書名：：羅經透解（虛白廬藏清刻原本）

系列：：心一堂術數古籍珍本叢刊　堪輿類　第三輯　342

作者：：【清】王道亨、王方智

主編、責任編輯：：陳劍聰

心一堂術數古籍珍本叢刊編校小組：：陳劍聰　素聞　鄒偉才　虛白廬主　丁鑫華

出版：：心一堂有限公司

通訊地址：：香港九龍旺角彌敦道六一〇號荷李活商業中心十八樓〇五一〇六室

深港讀者服務中心·中國深圳市羅湖區立新路六號羅湖商業大廈負一層〇〇八室

電話號碼：：(852)9027-7110

網址：：publish.sunyata.cc

電郵：：sunyatabook@gmail.com

網店：：http://book.sunyata.cc

淘寶店地址：：https://sunyata.taobao.com

微店地址：：https://weidian.com/s/1212826297

臉書：：https://www.facebook.com/sunyatabook

讀者論壇：：http://bbs.sunyata.cc/

版次：：二零二二年十一月初版

平裝

定價：：港幣　　一百九十八元正

　　　　新台幣　八百八十元正

國際書號：：ISBN 978-988-8582-52-5

版權所有　翻印必究

香港發行：：香港聯合書刊物流有限公司

地址：：香港新界荃灣德士古道二二〇―二四八號荃灣工業中心十六樓

電話號碼：：(852)2150-2100

傳真號碼：：(852)2407-3062

電郵：：info@suplogistics.com.hk

網址：：http://www.suplogistics.com.hk

台灣發行：：秀威資訊科技股份有限公司

地址：：台灣台北市內湖區瑞光路七十六巷六十五號一樓

電話號碼：：+886-2-2796-3638

傳真號碼：：+886-2-2796-1377

網絡書店：：www.bodbooks.com.tw

台灣秀威書店讀者服務中心：：

地址：：台灣台北市中山區松江路二〇九號一樓

電話號碼：：+886-2-2518-0207

傳真號碼：：+886-2-2518-0778

網絡書店：：http://www.govbooks.com.tw

中國大陸發行　零售：：深圳心一堂文化傳播有限公司

深圳地址：：深圳市羅湖區立新路六號羅湖商業大廈負一層〇〇八室

電話號碼：：(86)0755-82224934

心一堂微店二維碼

心一堂淘寶店二維碼

心一堂術數古籍 珍本 整理 叢刊 總序

術數定義

術數，大概可謂以「推算（推演）、預測人（個人、群體、國家等）、事、物、自然現象、時間、空間方位等規律及氣數，並或通過種種『方術』，從而達致趨吉避凶或某種特定目的」之知識體系和方法。

術數類別

我國術數的內容類別，歷代不盡相同，例如《漢書‧藝文志》中載，漢代術數有六類：天文、曆譜、五行、蓍龜、雜占、形法。至清代《四庫全書》，術數類則有：數學、占候、相宅相墓、占卜、命書、相書、陰陽五行、雜技術等，其他如《後漢書‧方術部》、《藝文類聚‧方術部》、《太平御覽‧方術部》等，對於術數的分類，皆有差異。古代多把天文、曆譜、及部分數學均歸入術數類，而民間流行亦視傳統醫學作為術數的一環；此外，有些術數與宗教中的方術亦往往難以分開。現代民間則常將各種術數歸納為五大類別：命、卜、相、醫、山，通稱「五術」。

本叢刊在《四庫全書》的分類基礎上，將術數分為九大類別：占筮、星命、相術、堪輿、選擇、三式、讖諱、理數（陰陽五行）、雜術（其他）。而未收天文、曆譜、算術、宗教方術、醫學。

術數思想與發展——從術到學，乃至合道

我國術數是由上古的占星、卜筮、形法等術發展下來的。其中卜筮之術，是歷經夏商周三代而通過「龜卜、蓍筮」得出卜（筮）辭的一種預測（吉凶成敗）術，之後歸納並結集成書，此即現傳之《易

經》。經過春秋戰國至秦漢之際，受到當時諸子百家的影響、儒家的推崇，遂有《易傳》等的出現，原本是卜筮術書的《易經》，被提升及解讀成有包涵「天地之道（理）」之學。因此，《易・繫辭傳》曰：「易與天地準，故能彌綸天地之道。」

漢代以後，易學中的陰陽學說，與五行、九宮、干支、氣運、災變、律曆、卦氣、讖緯、天人感應說等相結合，形成易學中象數系統。而其他原與《易經》本來沒有關係的術數，如占星、形法、選擇，亦漸漸以易理（象數學說）為依歸。《四庫全書・易類小序》云：「術數之興，多在秦漢以後。要其旨，不出乎陰陽五行，生尅制化。實皆《易》之支派，傳以雜說耳。」至此，術數可謂已由「術」發展成「學」。

及至宋代，術數理論與理學中的河圖洛書、太極圖、邵雍先天之學及皇極經世等學說給合，通過術數以演繹理學中「天地中有一太極，萬物中各有一太極」（《朱子語類》）的思想。術數理論不單已發展至十分成熟，而且也從其學理中衍生一些新的方法或理論，如《梅花易數》、《河洛理數》等。

在傳統上，術數功能往往不止於僅僅作為趨吉避凶的方術，及「能彌綸天地之道」的學問，亦有其「修心養性」的功能，「與道合一」（修道）的內涵。《素問・上古天真論》：「上古之人，其知道者，法於陰陽，和於術數。」數之意義，不單是外在的算數、歷數、氣數，而是與理學中同等的「道」、「理」--心性的功能，北宋理氣家邵雍對此多有發揮：「聖人之心，是亦數也」、「萬化萬事生乎心」、「心為太極」。《觀物外篇》：「先天之學，心法也。……蓋天地萬物之理，盡在其中矣，心一而不分，則能應萬物。」反過來說，宋代的術數理論，受到當時理學、佛道及宋易影響，認為心性本質上是等同天地之太極。天地萬物氣數規律，能通過內觀自心而有所感知，即是內心也已具備有術數的推演及預測、感知能力；相傳是邵雍所創之《梅花易數》，便是在這樣的背景下誕生。

《易・文言傳》已有「積善之家，必有餘慶；積不善之家，必有餘殃」之說，至漢代流行的災變說及讖緯說，我國數千年來都認為天災，異常天象（自然現象），皆與一國或一地的施政者失德有關；下

至家族、個人之盛衰，也都與一族一人之德行修養有關。因此，我國術數中除了吉凶盛衰理數之外，人心的德行修養，也是趨吉避凶的一個關鍵因素。

術數與宗教、修道

在這種思想之下，我國術數不單只是附屬於巫術或宗教行為的方術，又往往是一種宗教的修煉手段──通過術數，以知陰陽，乃至合陰陽（道）。「其知道者，法於陰陽，和於術數。」例如，「奇門遁甲」術中，即分為「術奇門」與「法奇門」兩大類。「法奇門」中有大量道教中符籙、手印、存想、內煉的內容，是道教內丹外法的一種重要外法修煉體系。甚至在雷法一系的修煉上，亦大量應用了術數內容。此外，相術、堪輿術中也有修煉望氣（氣的形狀、顏色）的方法；堪輿家除了選擇陰陽宅之吉凶外，也有道教中選擇適合修道環境（法、財、侶、地中的地）的方法，以至通過堪輿術觀察天地山川陰陽之氣，亦成為領悟陰陽金丹大道的一途。

易學體系以外的術數與的少數民族的術數

我國術數中，也有不用或不全用易理作為其理論依據的，如揚雄的《太玄》、司馬光的《潛虛》。也有一些占卜法、雜術不屬於《易經》系統，不過對後世影響較少而已。

外來宗教及少數民族中也有不少雖受漢文化影響（如陰陽、五行、二十八宿等學說。）但仍自成系統的術數，如古代的西夏、突厥、吐魯番等占卜及星占術，藏族中有多種藏傳佛教占卜術、苯教占卜術、擇吉術、推命術、相術等；北方少數民族有薩滿教占卜術；不少少數民族如水族、白族、布朗族、佤族、彝族、苗族等，皆有占雞（卦）草卜、雞蛋卜等術，納西族的占星術、占卜術，彝族畢摩的推命術、占卜術……等等，都是屬於《易經》體系以外的術數。相對上，外國傳入的術數以及其理論，對我國術數影響更大。

曆法、推步術與外來術數的影響

我國的術數與曆法的關係非常緊密。早期的術數中，很多是利用星宿或星宿組合的位置（如某星在某州或某宮某度）付予某種吉凶意義，并據之以推演，例如歲星（木星）、月將（某月太陽所躔之宮次）等。不過，由於不同的古代曆法推步的誤差及歲差的問題，若干年後，其術數所用之星辰的位置，已與真實星辰的位置不一樣了；此如歲星（木星），早期的曆法及術數以十二年為一周期（以應地支），與木星真實週期十一點八六年，每幾十年便錯一宮。後來術家又設一「太歲」的假想星體來解決，是歲星運行的相反，週期亦剛好是十二年。而術數中的神煞，很多即是根據太歲的位置而定。又如六壬術中的「月將」，原是立春節氣後太陽躔娵訾之次而稱作「登明亥將」，至宋代，因歲差的關係，要到雨水節氣後太陽才躔娵訾之次，當時沈括提出了修正，但明清時六壬術中「月將」仍然沿用宋代沈括修正的起法沒有再修正。

由於以真實星象周期的推步術是非常繁複，而且古代星象推步術本身亦有不少誤差，大多數術數除依曆書保留了太陽（節氣）、太陰（月相）的簡單宮次計算外，漸漸形成根據干支、日月等的各自起例，以起出其他具有不同含義的眾多假想星象及神煞系統。唐宋以後，我國絕大部分術數都主要沿用這一系統，也出現了不少完全脫離真實星象的術數，如《子平術》、《紫微斗數》、《鐵版神數》等。後來就連一些利用真實星辰位置的術數，如《七政四餘術》及選擇法中的《天星選擇》，也已與假想星象及神煞混合而使用了。

隨着古代外國曆（推步）、術數的傳入，如唐代傳入的印度曆法及術數，元代傳入的回回曆等，其中我國占星術便吸收了印度占星術中羅睺星、計都星等而形成四餘星，又通過阿拉伯占星術而吸收了其中來自希臘、巴比倫占星術的黃道十二宮、四大（四元素）學說（地、水、火、風），並與我國傳統的二十八宿、五行說、神煞系統並存而形成《七政四餘術》。此外，一些術數中的北斗星名，不用我國傳統的星名：天樞、天璇、天璣、天權、玉衡、開陽、搖光，而是使用來自印度梵文所譯的：貪狼、巨

門、祿存、文曲、廉貞、武曲、破軍等，此明顯是受到唐代從印度傳入的曆法及占星術所影響。如星命術中的《紫微斗數》及堪輿術中的《撼龍經》等文獻中，其星皆用印度譯名。及至清初《時憲曆》，置閏之法則改用西法「定氣」。清代以後的術數，又作過不少的調整。

此外，我國相術中的面相術、手相術，唐宋之際受印度相術影響頗大，至民國初年，又通過翻譯歐西、日本的相術書籍而大量吸收歐西相術的內容，形成了現代我國坊間流行的新式相術。

陰陽學——術數在古代、官方管理及外國的影響

術數在古代社會中一直扮演着一個非常重要的角色，影響層面不單只是某一階層、某一職業、某一年齡的人，而是上自帝王，下至普通百姓，從出生到死亡，不論是生活上的小事如洗髮、出行等，大事如建房、入伙、出兵等，從個人、家族以至國家，從天文、氣象、地理到人事、軍事，從民俗、學術到宗教，都離不開術數的應用。我國最晚在唐代開始，已把以上術數之學，稱作陰陽（學），行術數者稱陰陽人。（敦煌文書、斯四三二七唐《師師漫語話》：「以下說陰陽人謾語話」，此說法後來傳入日本，今日本人稱行術數者為「陰陽師」）。一直到了清末，欽天監中負責陰陽術數的官員中，以及民間術數之士，仍名陰陽生。

古代政府的中欽天監（司天監），除了負責天文、曆法、輿地之外，亦精通其他如星占、選擇、堪輿等術數，除在皇室人員及朝庭中應用外，也定期頒行日書、修定術數，使民間對於天文、日曆用事吉凶及使用其他術數時，有所依從。

我國古代政府對官方及民間陰陽學及陰陽官員，從其內容、人員的選拔、培訓、認證、考核、律法監管等，都有制度。至明清兩代，其制度更為完善、嚴格。

宋代官學之中，課程中已有陰陽學及其考試的內容。（宋徽宗崇寧三年〔一一零四年〕崇寧算學令：「諸學生習……並曆算、三式、天文書。」「諸試……三式即射覆及預占三日陰陽風雨。天文即預

定一月或一季分野災祥，並以依經備草合問為通。」

金代司天臺，從民間「草澤人」（即民間習術數人士）考試選拔：「其試之制，以《宣明曆》試推步，及《婚書》、《地理新書》試合婚、安葬，並《易》筮法、六壬課、三命、五星之術。」（《金史》卷五十一・志第三十二・選舉一）

元代為進一步加強官方陰陽學對民間的影響、管理、控制及培育，除沿襲宋代、金代在司天監掌管陰陽學及中央的官學陰陽學課程之外，更在地方上增設陰陽學課程（《元史・選舉志一》：「世祖至元二十八年夏六月始置諸路陰陽學。」）地方上也設陰陽學教授員，培育及管轄地方陰陽人。（《元史・選舉志一》：「（元仁宗）延祐初，令陰陽人依儒醫例，於路、府、州設教授員，凡陰陽人皆管轄之，而上屬於太史焉。」）自此，民間的陰陽術士（陰陽人），被納入官方的管轄之下。

至明清兩代，陰陽學制度更為完善。中央欽天監掌管陰陽學，明代地方縣設陰陽學正術，各州設陰陽學典術，各縣設陰陽學訓術。陰陽人從地方陰陽學肄業或被選拔出來後，再送到欽天監考試。（《大明會典》卷二二三：「凡天下府州縣舉到陰陽人堪任正術等官者，俱從吏部送（欽天監），考中，送回選用；不中者發回原籍為民，原保官吏治罪。」）清代大致沿用明制，凡陰陽術數之流，悉歸中央欽天監及地方陰陽官員管理、培訓、認證。至今尚有「紹興府陰陽印」、「東光縣陰陽學記」等明代銅印，及某某縣某某之清代陰陽執照等傳世。

清代欽天監漏刻科對官員要求甚為嚴格。《大清會典》「國子監」規定：「凡算學之教，設肄業生。滿洲十有二人，蒙古、漢軍各六人，於各旗官學內考取。漢十有二人，於舉人、貢監生童內考取。」學生在官學肄業、貢監生肄業或考得舉人後，經過了五年對天文、算法、陰陽學的學習，其中精通陰陽術數者，會送往漏刻科。而在欽天監供職的官員，《大清會典則例》「欽天監」規定：「本監官生三年考核一次，術業精通者，保題升用。不及者，停其升轉，再加學習。如能黽

勉供職，即予開復。仍不及者，降職一等，再令學習三年，能習熟者，准予開復，仍不能者，黜退。」除定期考核以定其升用降職外，《大清律例》中對陰陽術士不準確的推斷（妄言禍福）是要治罪的。《大清律例・一七八・術七・妄言禍福》：「凡陰陽術士，不許於大小文武官員之家妄言禍福，違者杖一百。其依經推算星命卜課，不在禁限。」大小文武官員或地方陰陽官員延請的陰陽術士，自然是以欽天監漏刻科官員或地方陰陽官員為主。

官方陰陽學制度也影響鄰國如朝鮮、日本、越南等地，一直到了民國時期，鄰國仍然沿用着我國的多種術數。而我國的漢族術數，在古代甚至影響遍及西夏、突厥、吐蕃、阿拉伯、印度、東南亞諸國。

術數研究

術數在我國古代社會雖然影響深遠，「是傳統中國理念中的一門科學，從傳統的陰陽、五行、九宮、八卦、河圖、洛書等觀念作大自然的研究。……傳統中國的天文學、數學、煉丹術等，要到上世紀中葉始受世界學者肯定。可是，術數還未受到應得的注意。術數在傳統中國科技史、思想史，文化史、社會史，甚至軍事史都有一定的影響。……更進一步了解術數，我們將更能了解中國歷史的全貌。」（何丙郁《術數、天文與醫學中國科技史的新視野》，香港城市大學中國文化中心。）

可是術數至今一直不受正統學界所重視，加上術家藏秘自珍，又揚言天機不可洩漏，「（術數）乃吾國科學與哲學融貫而成一種學說，數千年來傳衍嬗變，或隱或現，全賴一二有心人為之繼續維繫，賴以不絕，其中確有學術上研究之價值，非徒癡人說夢，荒誕不經之謂也。其所以至今不能在科學中成立一種地位者，實有數因。蓋古代士大夫階級目醫卜星相為九流之學，多恥道之；而發明諸大師又故為惝恍迷離之辭，以待後人探索；間有一二賢者有所發明，亦秘莫如深，既恐洩天地之秘，復恐譏為旁門左道，始終不肯公開研究，成立一有系統說明之書籍，貽之後世。故居今日而欲研究此種學術，實一極困難之事。」（民國徐樂吾《子平真詮評註》，方重審序）

現存的術數古籍，除極少數是唐、宋、元的版本外，絕大多數是明、清兩代的版本。其內容也主要是明、清兩代流行的術數，唐宋或以前的術數及其書籍，大部分均已失傳，只能從史料記載、出土文獻、敦煌遺書中稍窺一鱗半爪。

術數版本

坊間術數古籍版本，大多是晚清書坊之翻刻本及民國書賈之重排本，其中豕亥魚魯，或任意增刪，往往文意全非，以至不能卒讀。現今不論是術數愛好者，還是民俗、史學、社會、文化、版本等學術研究者，要想得一常見術數書籍的善本、原版，已經非常困難，更遑論如稿本、鈔本、孤本等珍稀版本。

在文獻不足及缺乏善本的情況下，要想對術數的源流、理法、及其影響，作全面深入的研究，幾不可能。

有見及此，本叢刊編校小組經多年努力及多方協助，在海內外搜羅了二十世紀六十年代以前漢文為主的術數類善本、珍本、鈔本、孤本、稿本、批校本等數百種，精選出其中最佳版本，分別輯入兩個系列：

一、心一堂術數古籍珍本叢刊
二、心一堂術數古籍整理叢刊

前者以最新數碼（數位）技術清理、修復珍本原本的版面，更正明顯的錯訛，部分善本更以原色彩色精印，務求更勝原本。并以每百多種珍本、一百二十冊為一輯，分輯出版，以饗讀者。

後者延請、稿約有關專家、學者，以善本、珍本等作底本，參以其他版本，古籍進行審定、校勘、注釋，務求打造一最善版本，方便現代人閱讀、理解、研究等之用。

限於編校小組的水平，版本選擇及考證、文字修正、提要內容等方面，恐有疏漏及舛誤之處，懇請方家不吝指正。

心一堂術數古籍 珍本 叢刊編校小組
整理

二零零九年七月序
二零一四年九月第三次修訂

欽定羅經

透解

透解

本衙藏板

羅經亭

嘗稽羅經之制杆帝創之始周公遵之法杜
針方位分定然先天祇有十二支神漢張良配
以八千四維奧刘赫内名房地盤楊頼二公又加中
外兩層孫曰天盤入盤合成三才女中念凌星曆
佈細羅列衍寓河洛五行之奧顯藏義文武輔之
嘗辭精用宏炎化奠窃删裁包羅萬象徑徐
天地上下以挨天運星度輪回下丁以竊山川方位
吉凶中丁以受人同陰陽兩定而為萬事利用之
至寶也漢晉暨宋名賢崛起自楊曾廖頼而外

代不乏人極貧送福應賤之紳宪其著書立說則

骹滚回在星密作用實在羅以後之業堪與者講說

頭取衆類習俐杖分門別夜呪爭鳴会不講宪

羅經不迎地碰之扼宴心宻頭為俸以連盤係用

即用習羅經其中之軸義不即忌宴坐之意

千雷之誇況徑盤不講則龍穴纫水無曲新其

真偽休咎兼得密頭融銥之美往之丧地凶遷辽使

水蟻羲交沒人財敗絕其獎可焉宗哉讅云承師不

明傾竅会承信此也余路習地碰多歷年術頗

咸星密壱凶之逑也盡邊選擇星期惟呪羅経未臻

遠聽鮮明禍福雅定爰發博覽立今名錫廣授呬嘩

秘授將羅經全律大用溷心考光表達凡撥由罘

玻跡山川通詳名墳鄉塜考聽禍福百興一失則

地理之道己妥備慈內可以閒避已外可以質祉

入凡居人透奧選下頗能超吉避凶兩與傾隕賤後

之害但制作精微宰山連地洐砂納水分金雙慶

魯次鏊盞理法深洐有各魯分用者有兩魯互用

著有一魯蓋用者有通盤合用者與中有麥而通之

神兩咖之之妙用弓偽一鍺祿洵係亟小禾謹將古

製羅繩圖法三十六砭集成一帙付洨秉梨敩訛

四方顧天下後世共覩英旅例按圖諸用事再終
傷於密頭還擇則盡善盡美而於迆福之遺庭
乎不差矣

道光三年歲次癸未桂月吉旦太原四合堂陰陽
學王道亭題於鳳山書齋

昔者聖人之作易也。仰以觀於天文。俯以察於地理

又卽立天之道曰陰與陽立地之道曰柔與剛此地

理之說听由昉也。至於詩云相其陰陽觀其流泉又

其尤大彰明較著者也自泰漢以後精此道者代不

乏人如晋之郭景純。唐之楊筠松則深造扵元妙之

極曠代難逢矣近世儒者多不講究地理。往往罹親

骸扵無龍無穴砂飛水走之境。以致水蟻交侵後嗣

敗絕良可惜也。語云為人子者不可以不知醫理不

可以不知也理人曰。山川若能語地師色如土。臟腑

若能語醫士食無所誠見夫此道之難精不可以淺

嘗浮慕之學自誤而並誤人也宋儒惟宋蔡二夫子
洞達精微所著發微論足以傳世不朽奈何不取以
覽觀之也第此道自楊曾廖賴四大家而外精之者
難以悉業合而言之不過巒頭天星巒頭即
形勢天星即理氣二者不可偏廢也但形勢之於天
壤間任人橫看順看遠看近看明眼者易於察識如
沉新周地學曹安峰原本以及山洋指迷堪輿一貫
等書言之詳且盡矣若理氣則必講求羅經深探夫
三氣五行之精黙悟夫河圖洛書之秘廣之則有三
十六盤之姝約之則有十五盤之神機致廣大而盡

精徵非得人指授必不能憑虛而參其奧諦也。顧或
謂形勢不佳雖理氣相合。亦不足用此其說固然而
特恐形勢佳。而理氣不合。則地吉葬凶亦不發福況
大地甚少。非大德不能得至於尋常山原苟於理氣
不乖亦足以廷嗣續而贍衣食則執羅經以求地理
業斯術者。詎可不條分縷晰以盡心於趨吉避凶之
用乎。定邑王公道亨。幼業儒術長學地理況潛多年。
嘗病世人徒講形勢而不求理氣以致受害無窮因
博覽羣書遍考名墓。深察禍福之本實驗貧富之原
乃著羅經透解一書而問序於余。時余同鐸茂州因

歲試在省讀其書。知公留心濟世。欲人安親骸利後
嗣以造福椒無窮也。至於求地必合天理有大德乃
逢大地。此又理勢之必然而無疑者。世人更不可視
為老生常談而不留意於洪範陰隲之訓也。

嘗
樟撰

道光三年歲次癸未五月下浣茂州學正杏林聶元

新訂主氏羅經透解卷一 四合堂藏板

授羹 李維賓
鄧觀沔 叅閱
朱國洪
陳萬鵬

蜀東陰陽學王道亨 輯錄

定邑儒住王紹之 校正

蓋龍分三八。氣屬五行陰陽消長。雖在龍穴砂水嚮向。而禍福樞機全在一穴中。穴中硝砂穴中納水穴

中乘氣乘法有三要明五訣。固必審龍細認出脈處

審穴。細認動氣處審來水細認出面朝映處審去水

細認玄竅相通處審水細認合局破局處審龍看後

審向看前來水看來去水看去偏不明形勢漫下羅

經。　聖云庸醫之誤不過一人庸師之誤傾覆全家

皆因有絕向。而無絕龍不識浜水錯於立向耳願天

下明師共相參閱俾仁人　孝子同獲吉地齊登富貴

之天。

朝

老証古聖先賢書籍名錄於后　　　我

欽定協紀辨五行言天星講年月

沿彈子窟辨砂法　　劉氏家藏講年月

一貫堪輿言星體講羅經

四彈子窟講羅體　　象吉言年月

正紀一統穿山透地講羅經辨五行

天機會元講羅經言星體　　嶅頭講卦例

頂門針言羅經辨五行講天文地理言

平地五星言室講陽　　原真言三合

地理不求人講星體講羅經

青襄經言卦例　　曹安峯言星體

雪心賦言星體

玉隨經講星體　　山洋指迷言星體

五種秘竅講羅經

崇正闢謬講年月辨五行　沈新周言星体

地理統一全書言星體

陳子性講年月言五行　王尺經言地理明天文

一要廣覽先賢諸書明集所以知黃卷中自有指秘明師

之主損財傷丁之驗。

第五層。九星必應垣局。分龍貴賤變土。色求穴情應
二十四位天星位次取用。

第六層地盤正針格龍定向乘氣入穴立宅安坟陰
陽選擇總統三十六層皆由此盤運用

第七層陰陽龍由先天八卦乾南坤北離東坎西居一
四正之地為陽震巽艮兌居先天四維之地為陰每卦
納甲干支為陰陽各半變水法不可陰陽差錯。

第八層。正五行綜地盤之下。其源由河圖而來分東
南西北二十四山金木水火土相生相尅為用

第九層。刼煞以坐山為主。忌一山破碎。卤惡歪斜秀

美不忌

第十層。穿山七十二龍。在地盤下。只六十甲子。五子

中載十二紅正字。抵四維八干。湊成七十二龍。以為

理龍入首。接承透地。乘氣入穴。一脉貫注又合每歲

七十二𠉀為用

第十一層穿山為本卦。周易為天統易以乾為首言

天道變化卦爻通平律呂補助未龍坐穴體用之主

第十二層中針人盤參合天地二盤為天地人二木。

賴公以此淆砂並參合挨天星二十八宿為表裏論

太陽到山十二纏舍星次十二宮分野二十四位天

星透地奇門皆由此盤統用

第十三層透地六十龍名曰天紀在坟宅後八尺巒

頭分氣貫六有旺相珠寶煞曜火坑孤虛堊錯空亡

之別取九六冲和卦為旺相無冲和為空亡

第十四層透地奇門取子父財官祿馬貴人陰陽二

遁起例

第十五層透地卦以透地為內卦一曰連山夏得人

統易以艮為首配卦以渾天五行裝子父財官祿馬

貴人四吉砂水為用

第十六層透地六十龍配二十八宿五親砂水禽星

持世管局出乎自然而用

第十七層定四吉五親三奇八門九星到方 後列二十四 圖

第十八層縫針天盤變來去之水乃楊公九星天父

卦翻輔武破廉貪巨祿文吉凶神斷出乎靜陰靜陽

第十九層秘授正針二百四十分數由洛書縱橫十

六個十五數每山十數二十四山共二百四十分為

分金之源

第二十層地盤分金為二八加減 及弦水明堂乂眨命眨龍欸有

第二十一層天盤分金為三七加減每山分金有五

郊子山則有甲子丙子戊子庚子壬子避甲乙為孤

壬癸為虛戊巳為煞曜取丙丁為旺庚辛為相少免

架線誤落差錯空亡之害

第二十二層分旺相孤虛取丙丁庚辛抵紅圈為旺

相戊巳抵乂字為煞曜甲乙壬癸抵黑点為孤虛空

亡之別

第二十三層分金配地元歸藏為外卦殷得地統易

以坤為首六十卦配六十分金取金卦兩全旺相為

得全冲合為得卦卦有六十四卦除坎離震見先天

四正卦應春夏秋冬一季管一卦一卦六爻一爻管

十五日四六二十四爻管二十四氣外六十卦每月

五卦一卦管六日六管三百六十日為一年

第二十四層納音五行六十甲子天干地支由先天

八卦納甲取酙除乾坤大父母不數天干值子午丑

未在震巽二卦推遍天干值寅卯申酉在坎離二卦

推遍天干值戌亥辰巳在艮兌二卦推遍其法取九

木七金五水三火一土訣在頂門針方知深義

出貴食祿此州

第二十五層十二宮分野得星峯秀麗砂水清奇應

出貴食祿此州

第二十六層二十八宿纏分野度某星分在某省州

城府縣。象懸此宮。

第二十七層。逐月二十四。氣迎太陽到山避凶煞趨
褚吉臨宮取四大吉時為神藏煞沒逵塋上吉。

第二十八層。登明十二將迎太陽到宮半月到一山
一月過一宮逆行二十四山

第二十九層姒訾十二神迎太陽纏舍每月中氣取一

貴人登天門

第三十層宮舍舘驛即太陽神將文武百官鎮守之
地每月同太陽過一宮造塋大吉褚煞潛藏

第三十一層二十四位天星必映垣局分三吉六秀

九星砂水。催官發福若得一貴山必出大貴先聖云

龍必沖和為美星必得配為佳正此耳。

第三十二層渾天星度五行在二十八宿分為七政

各有所屬。一宿亦有五行上載金十二木十三水十

二火十二土十二共六十一位唯良宮多一木字其

星為五星登垣五行局穿山透地分金吉凶相為表

裏。又合每歲三百六十五度七十二候

第三十三層平分六十龍參合渾天六十一字一龍

抵一字。一字管六日。六六皆管三百六十五日。三時

以應每歲周天度數七十二候為羅經架線分金透

地。坐穴取用。無訛。正合象吉書二十四山。透地龍乘

氣入穴

第三十四層。合人盤二十八宿。經緯度數上載三百

六十五畫每宿度內分上關中關末關硝砂宮位作

用為挨星法

第三十五層定差錯室七紅圍黑点。分金架線。弔穿一

山透地相為表裏有分金線壓在紅圍上。無分金線

落墨点內。毫髮不爽。

第三十六層二十八宿配二十四山。与人盤中針硝

砂。名曰挨星法。以穴坐之星為主前向左右之星為

賓客場者北辰也砂水者二十八宿也辟如北辰居
其所而眾星拱之正此謂也。
以上三十六層廣搜先哲遺書體用兼該述余管
見造此羅經全圖指明所法訣竅付之梨棗散諸
各方造葬者按圖訣而用事則趨吉避凶之法亦
區區苦心云尔

羅經透解

論羅經之用如樹泉測影

盖羅經之始乃軒轅黃帝戰蚩尤迷其南北天降
云女授　帝針法始得破彼妖術此針法砂由未也

論太極化生

慾事屬荒遠莫能稽考或者謂周成王時越裳入貢
歸迷故道周公遺其針法造指南車以送之針法始
定而

帝因授流傳必以羅經定其位而察其氣

乘其氣而裁其火察宿度合天星取生旺明制化體
先天用後天觀水步之去流察禍福於毫厘使神不
能專其宰天不能易其命故君子弜以有奪神功改
天命之才也然地有不全之功可以補之有抑減之
數可以易之則三才之理要自羅經始明弜以上觀
天時下察地利中定人事舍此無他道也

一為太極是黃道五行百千萬化也二為兩儀一陰

一陽乾坤也三為三才天地人也四為四象東南西

北五為五行金木水火土也六為六甲六十花甲也

七為七政日月五星也八為八卦乾坤艮巽震兌坎

離也九為九宮貪巨祿文廉武破輔弼也十為成數

洛書一得九而成十也

考驗羅經層次起例用法對證

蓋羅經之制原本太極為天地之精凝萬物之根本

何謂羅乃包羅萬象何謂徑乃徑編天地以立規

矩權輕重成方員莫不由金針與天池始定風水焉

假令羅經無天池則子午無定陰陽莫分。八卦九宮

何由而別。五行迭運無自而用。兩頭支干莫由能效

龍向氣脉亦無由而稽。故天池藏有金針。動而為陽。

靜而為陰。兩儀判四象。分八卦定吉凶自然化化生

生於不窮。況天池本無極頭始於正中。頂針一點為

祖氣亦萬物萬化之根本也。分按天池外。羅經即大

極也。是以子午中。分為兩儀。兩儀合卯酉為四象。四

象合四維即八卦。八卦定方位。各司其令。而天道成

地道乎人道立矣。　　诗曰。盧危之間針路明南方

張度上三乘坎離正位人難識差却毫厘斷不靈

第一層先天八卦

蓋先天八卦。乃羲文二聖所作。以天地合其德日月
合其明四時合其序鬼神合其吉凶。從太極分動靜
而生陰陽為兩儀從陽儀中。生太陽少陰從陰儀中
生太陰少陽是為四象從太陽中。生乾一兌二。從少
陰中。生離三震四從少陽中。生巽五坎六從太陰中。
生艮七坤八為之八卦八卦定吉凶吉凶生大業卦
畫奇偶。乾三連。坤六斷。震仰盂。艮覆碗。離中虛。坎中
滿。兌上缺。巽下斷。為卦成也。取象則乾為天。坤為地。
震為雷。艮為山。離為火。坎為水。兌為澤。巽為風。分別

五行乾兌金坤艮土。離火坎水震巽木分位八方乾
南坤北離東坎西震東北艮西北兌東南巽西南易
曰。天地定位山澤通氣雷風相薄水火不相射分別
順逆左旋自震至乾皆得其已生之卦為順右旋自
坤至巽皆具未生之卦為逆數往者順知來者逆光
天卦位以對待為義出於陰陽消長之數有自然而
然之妙。是以陽生於子。極於午。故正南為乾乾正陽
之極也則一陰生以西南為巽巽正一陰生之
如也陰生則氣必盛而包陽故正西為坎坎正一陽
中藏而包在盛陰之內。陰盛則陽漸消時當頑莫將

食之。故繪西北為艮，艮非二陰之盛而一陽之漸消乎。

陰生於午。極於子。故以正北為坤，坤正陰之極也，陰

極則一陽生故以東北為震、正一陽之始生也。陽

生則氣必盛而包陰。故以正東為離、正一陰中藏

而包在盛陽之內。陽盛則陰將漸消，勢處無號終凶

之會故以東南為兌，兌非二陽之盛而一陰之漸消

乎。是乾坤正位於南北者推之陰陽消長出於自然

有若夫坎離正位東西以觀日月朔望弦晦盈虛之

故其由下弦馴至於員明乃陰之消陽之息自下而

漸長故左旋之卦。一陽震二陽兌三陽乾有以象之

也由上弦馴至於全晦乃陽之消陰之息故右旋之
卦一陰巽二陰艮三陰坤有以象之也此以然者陰
明而陽晦故月陰常稟日陽之光朔則日光背而月
晦朢則月光對而月圓且明也知月之晦明盈虧而
日在其中矣坎離正位列於西東陰陽消長出於自
然世人知先天對待之卦不知陰陽消長之妙此以
理氣之體包括無盡也文王後天則巽位卦取流行
以成一歲之運至於變先天之體而顯之於用者其
卦序不從太極兩儀四象生尅乎又以乾之純陽為
父而生震長男坎中男艮少男以坤之純陰為母而

生異長女。離中女。兑少女其氣分別陰陽則乾之三
奇為陽而震坎艮之二偶一奇亦為陽此三卦稟氣
於乾父陽從陽類。一奇為主而二偶聽之故易辭此
謂陽卦多陰一君二民君子之道以坤三偶為陰而
巽離兑二奇三偶為陰此三卦各稟氣於坤母陰從
陰類。一偶為主而二奇聽之故易辭此謂陰卦多陽
二君一民小人之道其分別八方。為後天始震坎巽
而終於艮發生於始。收成於終以象一歲流行之運
故易曰帝出乎震齊乎巽相見乎離致役乎坤説乎
兑戰乎乾勞乎坎成言乎艮詳而論之後天卦位以

流行為義耳卦有陰陽純駁局其所居宮位適相符
合一毫無所韋違者觀先化運用之樞紐首以天地
二極為要區非卦得陰陽之至純者不足以居之故
天之北極在亥而乾以純陽天象居西北地之南極
在申而坤以純陰地象居西南俱是當極緊關切要
去處非徒謂其老亢退居無為之地也至哉乾坤為
陰陽之祖宗衆卦之父母故文王所以安頓乾坤兩
卦居二極之地外此坎中男離中女似非有長男代
父長女代母之權也何故以坎離代先天乾坤而正
居南北之正位所以中分陰陽而立八方之標準非

卦稟陰陽中正之氣者不足以居之故離本先天乾

體得坤中一陰而中虛坎本先天坤體得乾中一陽

而中實各得陰陽中之正氣與諸卦之上下雜稟陰

陽者不同文王用坎離正位於南北大有深意非偶

然也二卦各鐘氣於乾坤之中爻位在先天則正居

於西東後天居於南北合先後坎離各入出東南西

北之丑中不失先天乾南坤北之本體故也震本長

男得氣在坎離之先何不代乾居南而東位之是出

何哉誠以震一陽始生卦既首冠於六子則其此居

之像必首冠於五方乄生之令必首冠於四時長男

代父即不欲不居青宮以司春令而居正東豈可得
哉既以長男代父而資始豈不以長女代母而資生
乘此巽卦以繼震之後位居東南者以長女附長男
以陰木佐陽木互相幼助而俾其資始資生之益茂
焉兌為少女金之弱質乃陽之不能自生旺者故以
正西居之兌左附乾父金資金助右依神母金藉土
生則兌如是乎艮為少男似亦土之簿氣然艮為兌
陰之柔弱無為者不同猶能附人成事而稍俾於歲
力之萬一故以艮居東北時當貞下起元之會水將
盞而木將繼之候也於是水得之而有滋潤生息之

機木得土而有裁培生長之勢不得不居東北以少

男附長男而協成一歲之功妙矣哉文王之易施後

天之用實兌天之體合洛書兼河圖地法因之以每

卦管二山合三八二十四位用後天不用先天即用

後天而先天之體在其中矣

此乃先天八卦自然對待夫婦蓋先天以人之魂

後天以人之體有魂則有人無魂則無人互相配

合竇無窮而為陰陽起化之根萬古不易之規者

也何以見其為根而不可易以先天對待八卦並

編以九畫而應九宮以天地定位共九畫水大不

相射共九畫雷風相薄共九盡山澤通氣共九畫

四九三十六畫以應三十六宮故乹遇巽時為月

窟坤逢雷地現天根天根月窟閒来往三十六宮

都是春而羅徑因載化三十六層曾隱妙字字

八玄時師多不察其本源究其體用兼該之妙余

因是逐一姓解詳列分明以共世學不没光聖苦

心

先天八卦式

易曰乾以君之坤以
藏之雷以動之風以
散之雨以潤之日以
暄之艮以止之兑以
悦之乾運四時

雷即震風即巽雨即
坎日即離

第二層洛書即後天八卦

夫洛書者戴九復一左三右七二四為肩六八為足五居其中此為洛中神龜頁圖以成變化無窮一為坎水二為坤土三為震木四為巽木五為中宮六為乾金七為兌金八為艮土九為離火八卦由此而生曆法因此有一白二黑三碧四綠五黃六白七赤八白九紫取象以化回象太陽居一而連九四三十太陰居四而連六四六二十四三十六二十四合共六十數以成六十甲子少陽居三而連七四七二十少陰居二而連八四八三十二合共六十數以

成六十花甲合前六十重之化一百二十分金之源
也化奇偶陰陽之數一三五七九奇數屬陽二四六
八十偶數屬陰乾坤坎離四卦屬陽震巽艮兌屬陰
後天一得九而成十坎離即子午向也二得八而成
十坤艮向也三得七而成十震兌酉卯向也四得六
而成十乾巽向也為後天對待夫婦從洛書數之坎
一乾六艮八共十五數居北巽四離九坤二共十五
數居南震三巽四艮八共十五數居東兌七坤二乾
六共十五數居西總共六十少應六十龍由來之源
也四正四維及中央共六十數合前六十數又是一

百二十分金縱橫十六個十五數籌之二百四十分每山十分以應二十四山旺相孤虛煞曜紛作用也至於河圖一六共宗甲與己合二七同道乙與庚合三八為朋丙與辛合四九為友丁與壬合五十同途戊與癸合可見河圖洛書運用者廣矣且逢合則化必得五而成十故甲己起甲子至五位逢戊辰化土乙庚起丙子至五位逢庚辰化金丙辛起戊子至五位逢壬辰化水丁壬起庚子至五位逢甲辰化木戊癸起壬子至五位逢丙辰化火此相合相化皆從五子原遁逢寅而生遇辰而變理之常也即甲己起甲

子至寅為丙寅火生戊辰土後四宮同推洛書一得

五而為六則甲丙巳合二得五而為七則乙丙庚合

三得五而為八則丙丙辛合四得五而為九則丁丙

壬合五得五而為十則戊丙癸合河圖一六水二七

火三八木四九金五十土天一地二天三地四天五

地六天七地八天九地十言天數者甲丙戊庚壬五

陽干言地數者乙辛巳丁癸五陰干凡大衍之數天

數二十五地數三十共五十五數至精至微妙用無

窮

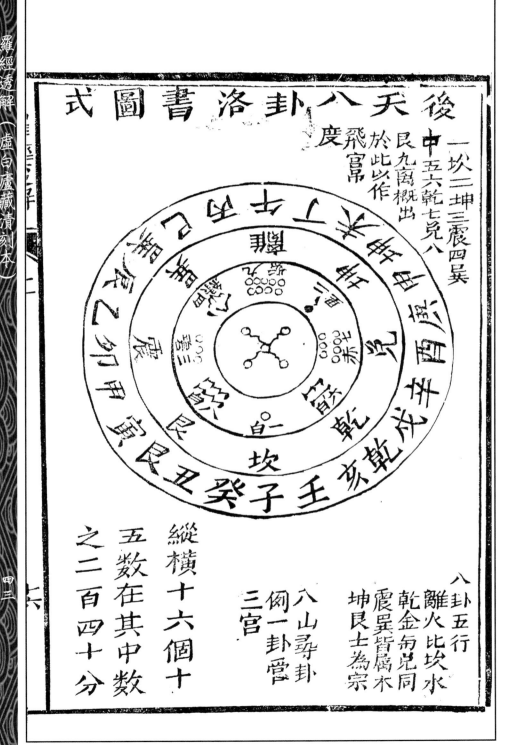

後天八卦洛書圖式

度飛宮常於此以作
艮九離概出
中五六乾七兑八
一坎二坤三震四巽

縱橫十六個十
五數在其中數
之二百四十分

八卦五行
離火比坎水
乾金每兑同
震巽皆屬木
坤艮土為宗

八山尋卦
倒一卦愛
三宮

曜宅墓逢之一時休山煞爲褚惡之首浩葬最忌

坎龍坤兔震山猴巽雞乾馬兌駝頭艮虎離猪爲煞

第三層八煞黃泉

世人用法。呼爲八煞黃泉皆畏忌之。殊不知實有九
煞。如坎龍辰戌水未其煞有二。至坤龍二水未震龍
申水未巽龍酉水未乾龍午水來兌龍巳水來艮龍
寅水來離龍亥水來。類皆一龍一煞。其訣總在因龍
變水依水立向。倘之煞爲官。皆爲天司之地若不知
此則危矣。宜細詳之。至於選日造命則在年月日時

忌用。

坎山忌戌（戌艮）。坤山忌乙卯震山忌庚申巽
山忌辛酉乹山忌壬午兊山忌丁巳艮山忌丙寅離
山忌巳亥皆渾天官鬼爻。

凡造葬修方三者年
月先將太歲入中宮弟替順輪數之次將月建日時
吊九宮如遇癸巳癸亥年月日時入中宮則戊（戊艮）到
一白萬不可修坎方造葬坎山。
巳酉丑巳酉時入中宮吊乙卯。巳酉年巳酉月二黑到坤。不可修坤
山造葬坤山。癸丑年。癸丑月癸丑日。癸丑時入
中宮吊辛酉（庚申辛酉）到三碧四綠不可修葬巽山。辛巳年月
日時入中宮吊壬午六白到乹不可修葬 乹山。

乙卯年月日時入中宮吊丁巳七赤到兌不可修葺

兌山。　癸亥年月日時入中宮吊丙寅八白到艮

不可修葺艮山。　乙未年月日時入中宮吊巳亥

九紫到離。不可修葺離山。皆為八煞歸宮。定主百日

內。大生凶禍。最宜避之。

渾天五行歌

乾金甲子外壬午坎水戊寅外戊申。艮土丙辰

外丙戌震木庚子午庚臨巽木辛丑外辛未。離火

巳卯巳酉粲坤土乙未加癸丑兌金丁巳丁亥

乎。

不住正煞傍煞所居
只在納甲同犯

庚申辛酉同
乙卯艮寅壬
亥一倒排山
有山煞水有
水煞哥句

黃泉煞忌
祖源忌
之故水
双流来右

泉双流来右

圖

式三房受害閱
左水来二房
受害前水来
三房受害

水長房受害

田地自見

坎龍忌戝向
艮龍忌寅向
震龍忌申向
巽龍忌酉向
離龍忌亥向
坤龍忌卯向
兌龍忌巳向
乾龍忌午向

此係先天八
卦渾天
五行之官鬼爻也

第四層八路四路黃泉

庚丁坤向是黃泉坤向庚丁切莫言巽向忌行乙丙

上乙丙須防巽水先甲癸向中憂見艮艮逢甲癸禍

連連辛壬乾路最宜忌乾向辛壬禍亦然

此煞只忌向上來水開門放水尤忌以坐山起例用

長生掌數至絕慕方上消放是也如甲山庚向甲本

長生亥慕未絕在坤方是也餘山放此

此借向上以論坐山庚向則坐甲山丁向則坐癸山

乃金羊收癸甲之靈是坤未之水宜去而不宜朝倘

朝入穴前即黃泉大煞主少亡孤寡專以坐山為主

不論龍左旋右旋聖人云生旺暮吊合而孟仲季俊

分言生旺二方宜來暮庫方宜去芸宜來反去是生

養水去則孟房敗帝旺水去則仲房敗如當去反來

是死暮來也則季房敗定此一局餘三局同推

地支黃泉

卯辰巳午怕巽宮午未申酉坤莫逢酉戌亥子乾宮

是子丑寅卯艮遭凶

白虎黃泉

乾甲坎癸申衣山白虎轉在丁未間更有離壬寅兼

戊亥宮流水主憂巔雰庚亥未四山奇水若流申却

不宜更有兌丁巳兼丑犯着乙衣白虎欺坤乙二宮

丑莫犯水來殺男定無疑艮丙愁逢離上午異辛遇

次禍難移

此三黃泉專論向為主忌開門放水

式　泉　黃　路　八

其訣總以向上求或水來
到堂或門路最畏忌之主
傷丁卤禍敗家離鄉
別祖之驗須要依
水立向則气此煞
如坤水來當立
坤申二向收之
則吉若立庚向
餘局同推
黄泉也必凶

第五層九星以應四垣局

九星者貪巨祿文廉武破輔弼是也二十四山配合

須用地母卦定之從八卦變曜坤卦對宮起貪以配

何也

民丙貪狼　木巽辛巨門土乾甲祿存土　離壬寅戌文

曲水震庚亥未廉貞少兌丁巳丑　武曲金坎癸申辰

破軍金坤乙輔弼　木土是也

易曰天垂象見吉凶在天成象在地成形下映二十

四山星有美惡故地有吉凶叶謂大之叶覆地之時

戴是以天皇星在亥上映紫微垣　艮映天市垣巽映

太微垣。見映少微垣。此四垣爲天星之最貴者天貴
映丙。天乙映辛。南極映丁合艮巽兌爲六秀又天屏
映巳爲紫微垣之對宮。稱帝都明堂。故亥巳合六秀
人稱八貴離居正南。爲天地之中俱吉若諸陽龍則
爲下也。總少紫微少微天市大微爲天星四貴四垣
中紫微天市太微。三垣有帝座立國建都之驗合三
垣爲妙至於少微。無帝座建都不取。此以二十四位
天星配山砂水應驗又以三陽六建之龍。三陽者巽
丙丁六建者。天亥地艮人丁。財卯祿巽馬丙。星及者
五吉丁玉門巽文筆辛學堂內。舍堂卯長壽丙丁金

帶庚酉辛銀帶卯艮。驟富文秀巽辛。必上三吉六秀
之內。陽宅。大旺人丁富貴綿遠。陰地主無水蟻發福
悠久。此天星之宮位。砂水之美惡由是而定砂貴出
人貴砒賤出人賤至若尋龍捕穴過峽變土色求穴
情過峽是石穴亦石。紅是廉貞黃巨門皆以九星論
之

　　土色專看龍過峽峽與穴情一般法

愛土色之法務要以入首過峽處。格定羅經。如艮丙
貪狼木龍未穴土必青辛巽巨門土穴土必黃乾甲
祿存土。穴土亦黃離壬寅午戌水穴土必黑粟庚亥

未廉貞尖穴土必紅兇。丁武曲金穴土色白坎癸申

承破軍金穴土必黑白。色坤乙輔木鄉土。穴土必青

黃取紅黃光潤為佳乾枯黑色為兇。

為兇。頑石亦兇。此蕭九星作用之功。與後列四垣九

星少。應垣局。二十四位天星分野宮度一盤。相為表

裏。

占土色法

催官篇云。峽紫定知穴亦紫。紅是廉貞黃巨門先賢

輂說云。卜其宅兆。卜其地之美惡。取其土色之光潤

草木之茂盛。他時不為溝池道路城郭。此遍貫勢些

奪則為美矣葬地美則亡魂安而子孫盛。理故然也

故古人定穴外看山川形勢內占土色紋理。土色美

惡務要堅實溫潤如栽肪如切玉者為上枯槁鬆泛

為卤。金氣凝者多白水氣凝者多黑。木氣凝者多青

穴氣凝者多赤土氣多黃或有其土如英石。如龍腦

石花煮石。碧玉石之類皆是吉土。更要取其特異者

為真耳。若滿山皆常土。唯穴中得細膩之土最妙。若

滿山土皆與穴中土一樣而不變色者亦屬平乎。至

於開穴見生物。如龜如魚者天地精氣此結。故其旺

盛凝結。如此。倘見蛇鼠虫蟻者必卤不可誤認為生

氣

貪狼九星式

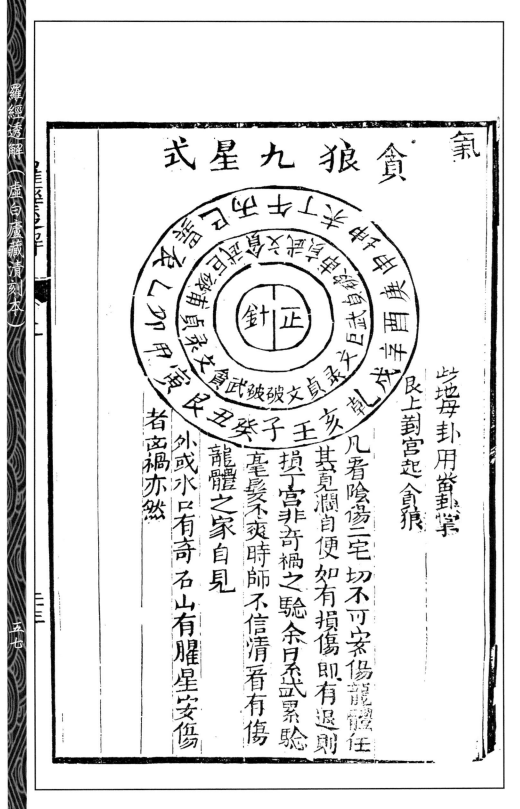

此地每卦用蠻掌
艮上對宮起貪狼

凡看陰陽二宅切不可家傷龍體任
其見潤自便如有損傷即有退則
損丁宮非奇禍之驗余屢武武累驗
毫髮不爽時師不信清看有傷
龍體之家自見
外或水只有奇石山有曜星安傷
者立禍亦然

第六層地盤正針

謂先天經盤辨方定位立向為羅經之始先天地支

只藏有十二位一名十二雷門為胎骨龍必正針論

之子午卯酉為天地四正之位寅申巳亥為五行長

生之地辰戌丑未為五氣歸元之所故後天增之四維八

用支支相頂地夫屬陰靜不動也後天增之四維八

干曰維者乾坤艮巽八干者甲庚丙壬乙辛丁癸屬

陽主動以居十二支位之界縫當氣候遁代之間故

謂天地間有陰不可無陽陰支中得陽干是不得錯

雜其間則陰資陽而不至於虛陽藉陰而不至於孤

二氣自有化生之妙矣後天正針之制不外老六十
二爻而變矣地盤全為縫針中之針根穿山透地之本
五行生旺休囚之異位陰陽順逆游轉之殊例自此
而推上參曰躔舍過將下察九州分野諸妙俱僃智
者熟此後人以正針二十四山本於文王八卦每卦
管三山子午卯酉居坎離震兌四正之位為四藏卦
乾坤艮巽居四維之地為四顯卦四正得金木水火
之正氣坎正北左壬癸付之離居正南左丙丁
付之震居正東左甲乙付之兌居正西左庚辛
付之四維者乃地支中之四庫四生附也乾居西北

戌亥付之坤居西南未申付之巽居東南夜巳付之
艮居東北寅丑付之偏正兼該顯藏互用經天緯地
無吐不貫格龍定向立穴乘氣消砂納水建宅安坟
陰陽選配作用最廣其中排六甲在八門推五運定
六氣五行顛倒異用無窮共古仙云得識五行顛倒顛
便是人間地中仙且又合龍玄關通竅其用當於龍
眷上先分四大水口尖以左右旋論古聖云乚丙交
而趨戌辛壬會而聚衣丑牛納庚丁之氣金羊收癸
甲之靈論先天後天之理詳明某局水口右旋甲如
為乚木當配丙大出戌口為妻乚夫相配若配庚出

丑配甲出未配壬出衣便為路遇之夫犯陽差病方
旋丙午鴛丙火當配乙木出戌口為大與妻相配若
配辛出衣配癸出未配丁出丑便為路遇之妻犯陰
錯病如右旋丙午為丁火當配庚金出丑口為妻弔
夫相配若配丙出戌配甲出未配壬出衣便為路遇
之夫犯陽差病左旋庚酉為庚金當配丁火出丑口
為夫與妻相配若配辛出衣配癸出未配乙出戌便
為路遇之妻犯陰錯病若旋庚酉為辛金當配壬水
出衣口為妻與夫相配若配庚出丑配甲出未配丙
出戌便為路遇之夫犯陽差病左旋壬子為壬水當

配辛金出辰口。為夫為妻相配若配丁出丑配癸出

未配乙出戌便為路遇之妻犯陰錯病右旋壬子為

癸水當配甲木出未口。為妻為夫相配若配庚出丑

配丙出戌配壬出辰便路遇之夫犯陽差病左旋甲

卯為甲木配癸水出未口為夫為妻相配若配辛出

辰配丁出丑配乙出戌便為路遇之妻犯陰錯病此

囙局以龍為坐山配水入堂出口慎勿忽之

又如甲。乙寅卯巽五龍入首左旋為甲木生亥旺卯

墓未右旋為乙木生午旺寅墓戌丙丁巳午四龍入

首在旋為丙火生寅旺午墓戌右旋為丁火生酉旺

巳墓丑庚辛申酉乾五龍入首左旋為庚金生巳旺

酉墓丑右旋為辛金生子旺申墓辰壬癸亥子坤艮

辰戌丑未十龍入首左旋為壬水戌土生申旺子墓

亥右旋為癸水生卯旺亥墓未巳土生酉旺巳墓丑

其訣以入首水出墓庫論之立向宮位當依納水消

砂先賢已經詳察明辨後學慎勿任情自誤。

正針紅針對地盤午中正南黑針對地盤子中

正北以八干從其祿四維從其墓

地盤正針式

正
盤　地
針

壬子癸丑艮寅甲卯乙辰巽巳丙午丁未坤申庚酉辛戌乾亥

藏坎卦
藏震卦
藏離卦

八卦統八宮一卦管三
山唯乾坤艮巽為四卦

第七層陰陽龍出自先天八卦納甲取配

乾納甲兮坤納乙壬而寅戌離宮納坎癸申辰納水

音此十陽龍合四陽卦。艮納丙分巽納辛戌東納庚

於亥未西兌納丁巳丑金必多十二陰龍合四陰卦

此二十四山陰陽各半。陽龍用白圈陽虛而明也

陰龍用黑点陰實而暗也白圈十二黑点十二。陰陽

巳分取用自然必之審龍凡陰龍轉換節節由陰

龍立陰向收陰水。則吉雜陽則凶陽龍轉換節由

陽到頭立陽向收陽水則吉雜陰則凶審龍則貴賤

自分陽龍不貴陰龍最貴陰龍取三吉六秀映在天

星曰垣之中。有九六冲和之義審龍納水必三古

六秀盡在陰龍之內震庚亥為三吉艮丙巽辛兌丁

為六秀未龍坐穴皆為大貴之地為上諸陽龍為下

賴公云又不可執一必論之只要未龍秀美取其龍

真穴的亦出富貴此必靜陰靜陽格龍論二十四龍

之大畧取節數之多寡論向消水木路之去未大小

倘執一不通狀剪裁之妙而大地奇局必當面失之

矣而八卦中爻爻亦由此爻加乾為天父卦即乾三

聯從上一爻為兌上缺再爻兌之中爻為震仰盂三

爻震之下爻為坤六斷曰爻坤之中爻為坎中滿五

變坎之上爻、為巽下斷六變巽之中爻為艮覆碗七

變艮之下爻為離中虛八變離之中爻為乾三聯復

歸本卦。餘七卦皆如此變其訣從變卦起貪狼乾龍

從兌貪震巨坤祿坎文。巽廉艮武離破乾輔坤龍從

艮貪巽巨乾祿離文震廉兌武坎破坤輔出少龍上

取三吉六秀法也。水法從向上起輔武破廉貪巨祿

文若乙向坤輔坎武兌破震廉離貪乾巨巽祿艮文

之類輔武貪巨為四吉。避破廉祿文為四凶前少九

星言四垣中為天星最貴天貴映柄乙映辛南極映

丁。天昴映巳為紫微垣之對宮。稱帝座明堂故亥巳

合六秀。稱八貴離居正南為天地之中離納壬而諸

星皆拱護於壬。故近帝垣亦為至貴震納庚應廉貞

昔人謂之奪武之地合震庚亥為三吉坎納癸居壬

比外艮戌丑未及諸陽龍皆下也。陰龍癸福又陽龍

癸福漸然亦不可拘論若陽龍得局真亦能癸福又

盛陰有六秀陽亦有六秀。如乾卦上爻一變為兌坎

卦上爻一變為巽離卦上爻一變為震坤卦上爻一

變為艮八卦中除震屬三吉乾坤坎俱是六秀也。八

卦一卦三山少脈為主從震曜對宮番得貪巨武陽

卦六秀屬陰陰卦六秀屬陽鬥少陰用陽朝陽用陰

應之準言三吉。亥震庚何誠必天星此推。亥應北極
紫微垣為一盤生物之主牧一盤生物之功。故甲子
不始於子。而終於亥癸。亥不終於乾。而終於亥為天
帝自至成之具二十四山之首吉也。震為陽君升殿
乃曰之門戶。職主司生易曰帝出乎震擅造化之權
實生氣之此從出。故必為吉庚為陰。后坐堲乃月之
門戶。職主司成經曰后庚三月。有配陽君之德實耗
氣之呼由疑故必為吉震庚二者乃天帝之喉舌代
天帝而分司如宰相之出納王命。得此三龍主宰輔
元動之貴其次亦六卿之職言六秀艮丙巽辛兌丁

何為秀者以龍沖合為美星以得配為佳此六位上

快天星如艮合天市垣丙以太微得太乙之

位宰以少微配之兌為少微紫府丁以南極配之上

合天星精英誕於天門故得其秀也若得六龍貴氣

形合上格主出三公六卿之貴其次必出超羣冠世

之英以六位吶納依八卦推分得陰陽沖合之美夫

婦配合之義如艮巽兌三卦除中爻為體上下二爻

皆一陽一陰相配之義故吶納之干合六秀若乾坤

坎離四卦除中爻為體上下二爻實孤陽虛陰罔有

配合之義故不在三吉六秀之列而震卦上下皆有

冲和故霙庚亥三龍亦為三吉

看地点穴歌

陰陽二字最難明，誰識其中造化精，陰乳恰似男子

檔陽窩偏如女人形，是男陰乳忖傷首是女陽窩莫

破昏土宿羅紋束鎮穴，天機到此合乾坤

生氣以龍為主龍以入首一節為領堂氣，水為

要水以出面應穴為源頭消納公位看左右前后

净陰净陽之水破局合局以驗生尅

戌龍陽陰上十

羅經透解

正盤

地盤

針

壬子癸丑艮寅甲卯乙辰巽巳丙午丁未坤申庚酉辛戌乾亥

合建盤則有白圈黑点
為金字盤徽州盤則無
白圈黑点載有十二
紅字為墨字盤

三十
七二

第八層正五行論龍砂屬

亥壬子癸北方水。寅甲卯乙巽木東巳丙午丁南方
火。申庚酉辛乾西金戌丑未坤艮土。此是五行老
祖宗夫正五行陰陽之綱領造化之權衡亘古迄会
旋乾轉坤之哲士。運籌兩大之英雄。知往知来知機
變撥砂放水辨方立何。未有舍此五行而運用者
也。一曰五行二曰五事。三曰八政四曰五紀。五曰皇
極。六曰三德七曰稽疑八曰庶徵九曰五福十曰六
極東木主仁。西金主義北水主智南火主禮中土主
信乎也二十四山中水火各居其四山金木各居其

五山。唯土居其六。土鎮中央為尊故萬物土中生而
羅經綜統三十餘層不能舍此五行而他用者也。又
從洰圖龍馬獻瑞化天干地支之本源也。天一生壬
水地六癸成之地二生丁火天七丙成之天三生甲
木地八乙成之地四生辛金天九庚成之天五生戊
土地十己成之此謂十干也。一六在下而生亥子水
二七在上而生巳午火三八在左而生寅卯木四九
在右而生申酉金五十在中而生辰戌丑未土此謂
十二支也聖人因八卦以推天時用地支以配天干。
蓋以天一生水而坎者水之位也故子居正北癸得

地穴之陰水柔也癸次於子水不止則流而不返必
土以止之方能生物丑則土之柔也故丑次於癸艮
為山土之剛也艮次於丑而居東北必以代裏之施
生也土合而化氣將以生木寅為雜木故寅次於艮
甲得天之三陽木之剛也故甲次於寅震者木之位
也卯居於正東乙得地八之陰木之柔也故乙次於
卯木非土無以盛衰者土之正氣也故艮次於乙木
者陽之雜也木非旺則不能往火故巽為旺木而次
於辰旺極必資生必以火生也巳為火之初氣故巳
次於巽丙得天七之火陽之剛也故丙次於巳離者

火之位也。午居於正南丁得地二之陰火之柔也故
丁次於午。火旺必有止將以生土也故未次於丁坤
者土之體土之正氣也故坤次於未土旺必生金申者
金之初氣也故申次於坤庚得天九之陽金之剛也
故庚次於申兌者金之位也故酉居正西辛得地四
之陰金之柔也故次於酉金非土無以成戌者土之
止氣也故戌次於辛。金者陰之雜也金不盛不能化
故乾為旺金而次於戌極旺而化成必生水之
為水之初氣故亥次於乾壬得天一之陽水之剛也
故壬次於亥。於是二十四位有定局矣。余嘗讀易而

知天地之旋轉星次躔度不差此謂軋遇巽而觀月

窟坤逢震此見天根此可見陰生於午陽生於子半

陰陽得令而四時行百物生朗著矣

且北方之氣剛而有肅殺之象南方之氣柔而有

和緩之情故南方之地必高鋪突乳為凭北方之

勢必高厚凸阜為準

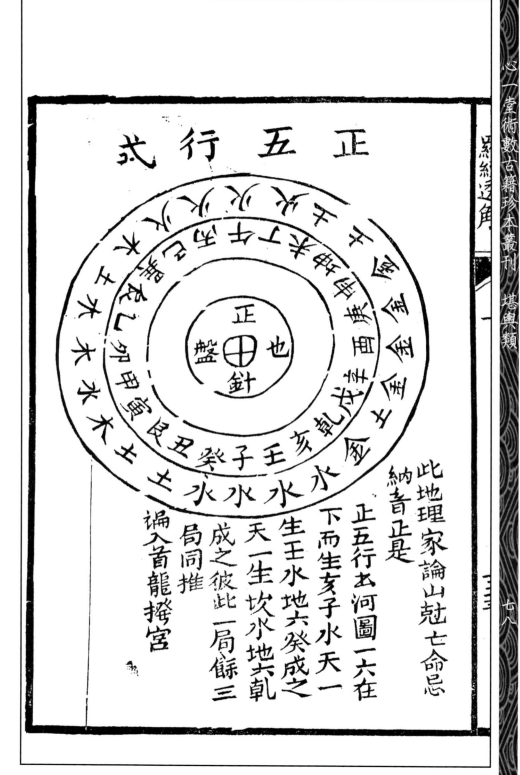

正　五　行　式

正盤針也

此地理家論山尅七命忌納音正是

正五行本河圖一六在下而生亥子水天一生壬水地六癸成之天一生坎水地六乾成之彼此一局餘三局同推

编入首龍撥宮

第九層刧煞取用

吳未申山癸刧藏辛戌居丑庚馬卿霙艮逢丁甲見

丙壬猴乾兌丙辛方坎癸逢蛇巳午雞丁酉逢寅坤

亥乙龍虎遇羊乙猴刧犀牛龍位永不立

刧煞總少坐山徧消納向山無關只忌一山如立

巽未申三山癸方有砂高聳破碎歪斜惡石嶮巖

最凶宜忌若體正峯圓亦不忌餘放此願共識之

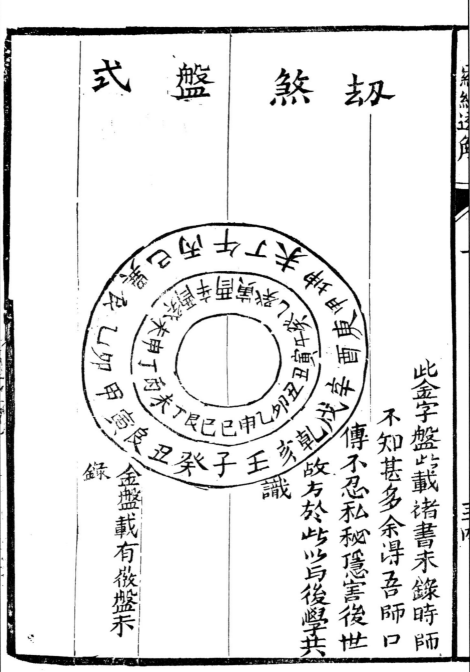

劫煞盤式

此金字盤此載諸書未錄時師
不知甚多余得吾師口
傳不忍私秘隱害後世
故方於此以與後學共
識

錄金盤載有微盤未

第十層穿山七十二龍

昔人用七十二龍穿山六十龍透地穿山者穿定來
龍屬何甲子。名曰地紀專論來龍於峽中。定盤針無
峽在入首主星後。來龍起伏束咽處分水脊上定針
盤看何龍用納音以斷生尅於子龍水內有五子得
丙子水龍庚子土龍俱為旺氣甲子金龍為敗氣戊
子火龍為死氣壬子木龍為生氣之類。故必定其來
脉從何方來龍屬何干支。當以先賢傳授七十二龍
有吉凶之別。總以地盤中。每支之下。有五子龍係六
十甲子。為十二地支之數。地盤地支六十甲子共四

維八千十二位。每千維之下。內載十二紅正字。湊成

七十二龍穿山之用也。內避差錯空亡。孤虛龜甲不

得相侵為妙。又必要趨旺相生氣一脈貫注至結穴

處為佳。至於七十二龍分孤虛煞曜旺相皆從八卦

納甲。九六冲合。八干而出若遇甲壬為陽而孤乃

出於乾卦之納甲。以六爻屬陽除中一爻上下二爻

孤陽為二男子。無女子相配故也若遇乙癸為虛出

於坤卦納甲。以六爻純陰中虛無陽媾是二女子。無

男子納配故也若遇丙庚為陽而旺出於艮震之納

甲。二卦六爻內除中爻上下一陽爻媾一陰爻為陰

陽冲合而旺也。若遇丁辛為陰而相出於巽兌之納
甲。以二卦六爻。內除中爻上下坐一陰爻媾一陽爻
為陰陽冲合。陰而相也。若遇戊巳為龜甲空亡堅硬
而氣不入也。出於坎離之納甲。除中爻為卦體上下
俱純一不交。故為龜甲空亡用之最宜避。甲乙為孤
也。如甲子一旬至乙亥。此十二龍中冷氣脉。取丙丁
為旺。以丙子一旬至丁亥。此乃十二龍中正氣脉避
戊巳為煞曜。以戊子一旬至巳亥。此乃十二龍中敗
氣脉。庚辛為相。以庚子一旬至辛亥。此乃十二龍中
相氣脉。壬癸為虛。壬子一旬至癸亥。此乃十二龍中

退氣脉此謂旺相者實得先天艮震巽兌四卦居四
隅養生之地而成卦則四卦六爻爲陰陽冲合多配
丙丁庚辛爲旺相也若遇先天乾坤坎離居四正虛
僞之間則四卦六爻純一不交又配甲乙壬癸戊巳
是爲孤虛龜甲。煞曜謂之九六不冲合必主財人耗
散敗絕凡取用宜細詳之至於丙龍來脉必依丙龍
氣直穿。前對壬午架線上對下結穴処方爲準的地
安寅龍來脉當依丙子一旬數至寅支係戊寅氣穿
山爲旺氣又或壬寅龍來脉入首係庚子一旬數至
寅支爲相氣脉。余得吾師心授登山行龍審氣入穴

全憑以七十二龍為主凡驗人巳往之禍福將来之

吉凶在於主星処一覧毫髮不爽後學欲知此驗務

知某龍氣係甲子一旬為孤氣下穴必主敗絕知某

龍係丙子一旬是為旺氣下穴必主富貴舉此二句

餘旬莫不皆然

七十二龍合六十四卦皆從八卦初爻變起渾天納

甲定參福年命從下爻變起由初爻上而二而三而

四而五第六爻不變返下而變回爻為遊魂卦又復

下將内卦三爻一齊盡變歸還本卦為歸魂卦地理

家用之必入首一節龍為本卦看前後左右佳旺之

穿山七十二龍式

地盤正針

砂水定發福年

命如坎卦初爻一變飛出
為兌逢丁干二爻飛出
為巽逢庚干皆發福
三爻為離逢巳壬干
較庚丁力重呆本卦
戊癸為離逢　　第四爻飛
出遊魂坤卦乙午力
輕甲辛丙三壬年
命不發福坎卦無
乾巽艮三卦謂出
卦無官職

要知深義詳看沿弹子著

有六十四卦

第十一層穿山本卦合周易為天統

或問內卦本卦外卦三盤卦例亦理氣之一端也以

六十甲子透地配坎為水卦一百二十分金甲子配

山雷頤卦以穿山七十二龍甲子配水地比卦配卦

當以透地為內卦穿山為本卦分金為外卦。此三卦

也二曰歸藏殷得地統易以坤為首坤為地言萬物

一曰連山夏得人統易以艮為首艮為山連連不絕

歸藏乎中也三曰周易周得天統易以乾為首言天

道變化運行不窮也。此二卦至精至微沂時術明師

不能究其蘊余得吾師心傳頗知一二願與天下共識

故書於此蓋三易乃六十龍分配取用得宜�乃主天

地氣運謂之地脉氣行於地形麗於天矣以天之生

氣皆付卦爻通乎律呂氣感而應專論選擇取卦爻

渾天補助求龍坐穴則為萬全皆係天星地曜主之

也而地理之學有專用巒頭有專用天星分門別戶

各自為用殊不知巒頭為體天星為用是體用相為

表裏者也天分星宿布列山川氣行於地形麗於天

言地乘天之氣而行也李淳風言天體東南西北徑

三十五萬七千里每一方八萬九千二百五十里自

地而上共八萬四千里故曰立向有毫厘之差必至

千里之謬。經曰。地有四勢。氣從八方。四勢者。寅申巳
亥也。此為五行初生之地。故寅為東方之始。巳為南
方之始。申為西方之始。亥為北方之始。四生之氣行
於地。而運於天。在天者論時。在地者論形。即時必觀
形。因形以驗氣。故氣有衰旺時有盈虛。四勢之山生
八方之龍。四勢為五行化生之始。八方為五氣來止
之踪。故理氣穿山必得巒頭乘其生氣入穴。則福自
歸矣。

合穿山封周易夫統成

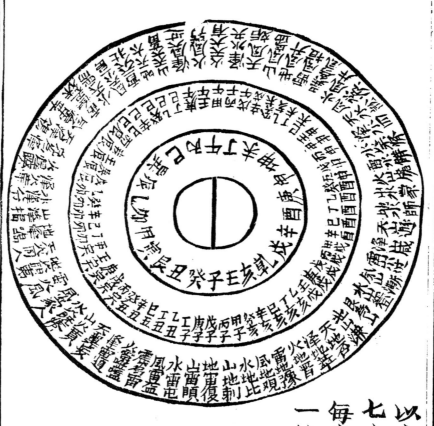

以上六十卦合
七十二龍恭合
每歲七十二暌
一卦罿六日

第十二層中針入盤

中針二十四山即人盤也較之地盤少有參差為天
道健地道順人道平之理先有天地後有人故入盤
居天地盤之中山以子午進一位子午居天盤壬一
丙子之縫故為縫針子午居地盤之正中故為正針
人盤居子癸午丁之中故曰中針昔先聖造此三才
用之廣也皆以人盤上關天星纏度氣運進退下關
山川分野地脈藏否故人盤為天地二盤作用之主
宰即人為萬物之靈參天地而成三才也人力勝天
故有人盤而合用天地是完全之功也昔太素先師

審龍以為消砂作用也楊公以之納水正合司馬頭

陀水法。旋去黃泉謂之出煞。名曰貴入祿馬上御街。

歌曰。貴入三合連珠水。隔八相生爛了錢其貴貪狼

並祿馬三合連珠員無價孛人乾宮百萬庄癸歸艮

位婆文章乚向巽流清富貴丁從坤去萬斯箱。正合

此人盤。太素消砂要訣砂雖在地關實在天何以見

之聖人云。為政以德辟如此及居其咊而邵星拱之

衣在斗内斗有九星居中建極以運四方。二十八宿。

周天經星布列於外環拱北及堪輿之法丒塲者此

衣也龍神者尤星也砂水者二十八宿也楊筠松則

用九星看龍神賴太素用二十八宿看砂水吩調在
天者正在此耳昔廖公以及楊賴二公撥砂一法歷
求秘而不傳務要口傳心授若輕洩必遭天遣故其
法至今不敢洩露然聖人云道理不可埋沒如其隱
秘後世何以得其傳哉夫聖人尤慮失傳而余豈敢
再秘哉余是以矧願遄遄將楊賴二公撥砂之旨註
解詳明以為天下後世同學望以救世入耳砂法歌
云乾坤艮巽是木鄉此一句言二十八宿屬七政五
行也四星屬木乾為奎木狼坤名井木犴艮為斗木
獬巽為角木蛟消砂當以木論之也寅申巳亥水神

當宿之言水者言寅名箕水豹申名参水猿巳名軫

水蚪亥名璧水㺄消砂當以水論之也甲庚丙壬真

是火宿之言火者言甲名尾火虎庚名觜火猴丙名

異火蛇壬名室火猪消砂當以火論之也子午夘酉

火依相宿之亦言火者言子為盧日鼠危月燕午光

星日馬張月鹿夘為房日兔心月狐酉為昴日雞畢

月烏日月何以言火蓋日為君火月為相火子午夘

酉居四正之地取日月同宮故凑星配之餘山一宿

配之也辰戌丑未金為勾言四山皆金辰為亢金龍

戌名婁金狗丑名牛金牛未為鬼金羊消砂當以金

論之也乙辛丁癸土相傷言四山皆屬土乙名氏土
貂辛名胃土雜丁名柳土獐癸名女土蝠消砂當以
土論砂數別來有五種煞洩奴分生吊旺生我食神
居丙榜比和人財發科塲我尅是財為儲奴尅我七
煞最難當洩我文章窮到茲女邊功名好又強其法
當以坐山為主如坐乾山則屬木葬見巽艮坤砂即
比肩入財砂科塲丑未艮戌宮有山是尅我七煞最
難當若見甲庚丙壬子午卯酉山即洩我文章窮到
底乙辛丁癸山即我尅是財為儲奴寅申巳亥砂即
生我食神居兩榜餘山放此學者詳覽明辨登山自

知其妙其訣看左右前後之砂務要面對宮位砂近

應生人速砂遠應生人遲張九儀云砂若離穴三兩

丈流年郎到產英豪又云第一要識前面砂定入禍

福毫不差

此法非余私議另立門户實出於泏彈子學者詳

三卷中分房分宮位吉凶之砂自効如神閱四卷

考龍上九星入宮定禍福貧賤之驗閱五卷舊地

辨福福砂水公位百無一失閱一二卷中福水法

破局合局避黃泉煞曜自然了然胸中矣

泏砂篇

形貌之妍醜必肖山川之美惡故嵩岳生申尼丘字

孔吳景鸞曰福厚之地人多福壽秀頴之地人多輕

清濕下之地人多重濁高元之地人多狂躁散乱云

地人多遊蕩尖惡之地人多殺傷頑硬之地人多執

拗平夷之地人多忠信楊筠松曰山肥人飽山瘦人

饑山清人美山濁人媺山完人喜山破人悲山歸人

聚山走人離山伸人壽山縉人低山明人達山暗人

迷山向人順山背人欺司馬頭陀云以端方而知麒

以傾側而知其佞柔乱知淫卑劣知賊粗猛知惡瘦

薄知貪粹美知慈威武知斷分竄源大江而知出身

無情外砂不及內砂力外水不及內水親

人盤收砂之謂耳且砂不抬頭砂無力水不垮環水

正卓展有大小的謂砂管人丁以丁相平其砂者正

之遠近觀外城內局知力量之弘隘況其出脉有偏

賴公撓砂歌

消砂別來有五種奴旺煞令洩再生彼來尅我為吉

煞我生彼也是洩名旺神即是我見我彼來生我號

食神食發科甲入丁誕旺司財祿多子孫生不正向

只及旺兩旺高明過一生煞見則禍絕洩氣漸消伶

我尅奴砂為財帛居官得祿又和平大地由來多帶

煞兩間公位從不勺。龍氣盛旺煞無力閃脉脫脉煞

最靈龍弱砂強洩旺秀女嫁豪門坦腹英為生為旺

貴在內旺秀兼洩在外門此為賴公真口訣惟有挨

星法最靈

消砂玄妙

乾坤艮巽是木卿　　　　寅申巳亥水神當

甲庚丙壬真是火　　　　子午卯酉火依廂

辰戌丑未金為局　　　　乙辛丁癸土相傷

生我食神居兩榜　　　　此和人財發科場

我尅是財為儲奴　　　　尅我七煞最難當

淺我文章窮到底　　　　文邊功名好又強

備言天體則有七政四司乙化日月五星是也有二十

四垣以鎮四方紫微天市太微少微是也有二十

八宿以分布周天蒼龍七宿角亢氐房心尾箕斗

七宿井鬼柳星張翌軫白虎七宿奎婁胃昴畢觜

參玄武七宿斗牛女虛危室壁是也四垣即四象

七政即陰陽消砂五行之根其樞在北斗而分四

方為二十八宿故房虛昴星應月心危畢張應月

角斗奎井應歲星尾室觜翼應熒惑亢牛婁鬼應

太白箕壁參軫應辰星氐柳女胃應鎮星象懸於

天光照於地吐此砂雖在地關實在天非經無以立
極非緯無以嬗化一經一緯真陰真陽之交道也

分房宮位

一子滿盤皆他骨。二子左边長房臨前後右邊皆是
小此處偏枯已不匀。三子分公位朝坐二房輪六子
排來三六右四在孟前次第分二房朝帋案五子主
星平。此從房分換次立變換詳砂難泥論

六子宮位是青龍從後過去則長房之砂從案山
過來則回房之砂白虎從後過去則三房之砂從
案山過來則六房之砂總看砂勢親何宮位即吊

人也如此值官位無砂即絕如子山午向艮寅甲為

內青龍長官卯乙辰為外青龍四管乾戊辛為內白

虎三管酉庚申為外白虎六管

左空今長先絕右空今三零丁朝坐空曠二五難與

一主一案三長飄零又有青龍平而直朝山挨方最

娉婷長房寂寂漸消磨四子蒸蒸萬里程如龍全沒

朝偏左吊入長房作龍星朝山空遠龍趨案次子亦

吊作朝異三男與仲相吊法吉凶禍福依此行此為

賴公真秘訣父子雖親不肯說後人知得消砂法橫

行天下陸地仙

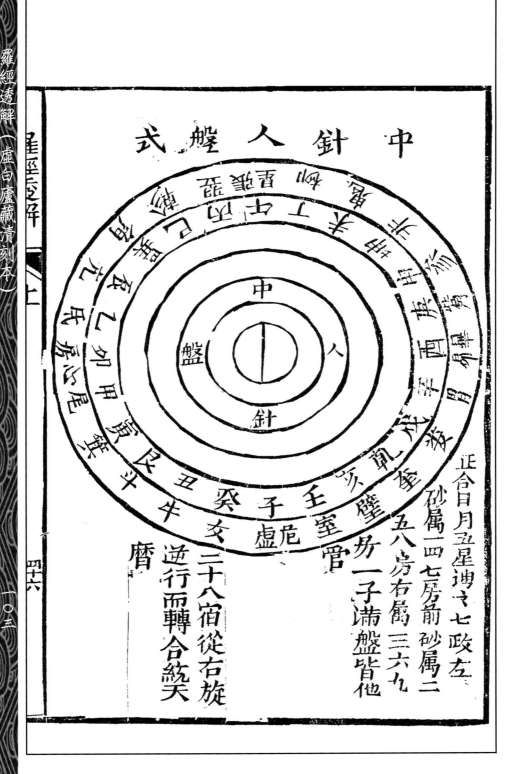

中針人盤式

中
盤
人
針

正合日月五星躔之七政左
砂屬一四七房前砂屬三
五八房右屬三六九
坊一子滿盤皆他
二十八宿從右旋
逆行而轉合統天
曆

第十三層透地六十龍

蓋平分六十龍透地。名曰天紀起甲子。於正針亥未

屬乾宿後天之乾即係先天之艮艮為山。此故亦謂

之穿山也。平分六十龍起甲子正針之壬初屬坎後

天之坎即係先天之坤坤為地。此乃謂之透地不言

穿而言透者以透乃通透之透如管吹灰氣由竅出

此可得透之說。不言山而言地者謂五氣行平地中

發生萬物地有吉氣土隨而起可見形之見於地上

皆由五行之氣透於地中。氣雄則地隨之而高聳氣

弱則地隨之而平伏氣清則地隨之而秀美氣濁則

地隨之而凶惡此可以得地之說也不言虎而言龍
者蓋龍有氣無形變化莫測無非論龍透於穴中變
化無端可以識六十龍透地之妙得而名之也而作
用之功藝乘生氣必先定其未龍其法於來脉入首如六十
穴星後分水脊上定盤針峽上定來脉入首
龍辛亥納音屬金從右來必左耳乘氣則穴宜坐乾
向巽干透得丁亥氣屬土正乾龍坐穴土生辛亥金
是穴生來龍其家發福透得乙亥七亥三乾火音坐
穴尅辛亥金是來龍穴尅山其家少祿透得巳亥氣
五乾五亥是煞曜名曰火坑主子孫多出癆疾吐血

損妻尅子水蟻食棺之驗先聖云二十四山顛顛倒

二十四山有珠寶二十四山順逆行二十四山有火

坑且言到頭差一指如隔萬重山可見穿山透地各

首為用七十二龍只論來龍定山崗則在分水脊上

定盤針穴後八尺巒頭用六十龍透地盤穿山則不

必用矣六十龍審氣入穴一龍有五子氣當尋旺氣

丙子庚子二旬之龍則有二十四位珠寶為全吉又

要逢孤虛煞曜差錯宝亡如甲子壬子及戊子三旬

中之龍三十六穴為差錯關煞為全凶又要天獲獲不

可尅分金分金不可尅坐穴不可尅透地透地

不可尅來龍尅宜順尅以上尅下吉生宜逆生以下

生上吉。可見透地作用最宜細心慎勿輕忽。

經盤內載有正字二十四位合二十四山正氣脉

入首為珠寶載有十二個五字為火坑二十四位

三七龍為差錯宅亡。世人盡知穴在山不如方

寸穴一線

聆新舊坟斷

一個山頭葬十坟　　　一坟富貴九坟貧

同山同向同朝水　　　更有同堆共井塋

一邊光榮生富貴　　　一棺泥水絕人丁

灰坐火坑招泥水　　　金牛坐穴起紫藤

時師若能如此理　　　打破陰陽玄妙精

精微玄機

八尺巒頭要識真　　　中間脊水兩邊分

看他生氣歸何處　　　十字當中正立身

更觀兩邊無強弱　　　定心方可下羅針

珠寶火坑安排定　　　富貴貧賤驗如神

二十四山顛顛倒　　　二十四山有珠寶

有人坐了此一穴　　　榮華富貴岇中討

二十四山倒侄顛　　　二十四山有火坑

有人坐了此一穴

只因不識巒頭氣

有人卻道其中妙

立在巒頭尋正氣

揚公五氣論

甲子一旬壬乙亥

丙子一旬至丁亥

戊子一旬至巳亥

庚子一旬至辛亥

壬子一旬至癸亥

家業退敗絕人丁

火坑將來作珠寶

能救世間貧窮人

金牛坐穴起紫藤

此乃揚公冷氣脉為孤

此乃揚公正氣脉為旺

此乃揚公敗氣脉為煞

此乃楊公旺氣脉為相

此乃楊公退氣脉為虛

六十龍透地即五子氣吉凶秘訣

甲子氣七壬三亥為小錯甲子冲棺出黃腫瘋跛羅

癩亥亞男痨若見丙上水棺內有泥漿口舌官非巳

酉丑年應

丙子氣正壬龍大吉昌添人進口置田庄富貴逵金

定有應諸事尤吉祥若見未坤水棺柳內外是小塘

申子辰巳酉丑年應

戊子氣五子五壬是火坑出人風流敗人倫不唯未

根穿棺內白蟻依此生若見罷芳水共內泥水二三

分寅午戌申子辰年應

庚子氣正子龍富貴漫到福攸隆人財六畜盛申子

良年豐若見巽方水棺內況難容

壬子氣七子三癸是辛又出人少亡招賊侵損妻尅

子多禍事申子良年應又見庚辛水棺內作船撐

乙丑氣七癸三子旺人丁食足衣豐富貴享倘見年

丁水棺內濫泥丑寸深巳酉丑年應

丁丑氣正癸龍出人聰明又伶儷富貴攸長久諸事

藥時雖若見未方水棺內若塘中申子良年應

巳丑氣五丑五癸是黑風女妖男癆百事函瘋疾最

可憐敗絕實可痛又見亥方水井有水蟻由寅午戌

年應水困火坑中

辛丑氣正丑龍三十富貴大興隆人丁大旺諸事吉

慈恭孝友邁凡庸若見寅上水棺入泥漿中

癸丑氣七丑三艮犯孤虛藝後官災實可必諸事不

稱意衆房皆不遂口舌退財多敗絕亥卯未年期又

見乾方水木根穿棺定不疑

丙寅氣七艮三丑穴平常縱然發福不久長寅午戌

年應諸事皆吉祥若見亥方水棺爛入泥漿

戈寅氣正艮龍富貴榮華世代隆申子辰年登科應

只怕卯水冲棺定有凶

庚寅氣五艮五寅是孤虛火坑黑風空亡的塋後三

六九年瘋疾見人倫敗絕最堪啼又見申方水井內

育水泥

壬寅氣正寅龍富貴人財豐田業廣置多福澤巳酉

丑年逢偏見午方水棺在水泥中

甲寅氣七寅三甲主平穩一代興發好後世多眼病

若見坤方水棺中白蟻窠

丁卯氣七甲三寅人平常酒色飄流懶惰揚寅午戌

年應方忌亥水多泥漿

巳卯氣正甲龍人財兩發衣食豐若見巽方水老鼠

穿棺中。申子辰年應不爽ㄆ子哀親莫糊胸。

辛卯氣。五辛五卯是黑風火坑敗絕出盜翁。三房先

絕後及衆。官災疊見事多凶。若見廣申水來現瀾泥

一ㄓ入棺中此坟若還不咬移人財兩敗永無踪。

癸卯氣正卯龍富貴進全出人聰田坐廣進多美境

人安物阜百事通若見巳方水木根穿棺定不容巳

酉丑年應

乙卯氣三乙七卯。孤寡敗絕多壽妖。後代腰駝並曲

脚。縱然有人亦難保又見戊方水井內泥水養魚好

戌辰氣巳ㄥ三卯富貴壽長把名標倘見申酉水棺

内有蟻虫巳酉丑年應

庚辰氣正乙龍出人𢼍福永不窮。亡代富貴出人秀

超羣冠世雄。亥卯未年見只怕丁水主火凶

壬辰氣五辰五乙是黑風尖坑敗絕最足痛口舌官

非少亡慘離鄉。和尚永別踪若見戌方水棺内泥若

濃。

甲辰氣正辰龍𠮷十五年富貴豐若見子癸水。井内

泥水攻。

丙辰氣亡辰三巽坒外㽵福衣食平穩招贅入房後

代人敗絕。申子辰年應若見寅甲水。木根穿棺亡人

不安

巳巳氣兦巽三辰當貴均平。亥卯未年應若見乾上
水骮骨入泥坑

癸巳氣丑巳五巽是黑風犬坑敗絕百事凶蟄後五
年並七載人丁六畜散若風。又見丑方水兦鼠棺內
作窠攻。

乙巳氣正巳龍縈華富貴福最隆寅午戌年應有驗
癸冰冰冲棺泥卦

丁巳氣兦巳三丙三年七載巳舌歪若見卯水來棺
木內外水泥浸

辛巳氣正巽龍富貴發科定光宗巳酉丑年應不爽

庚午氣七丙三巳人興財旺有其目世代進田多壽怕午丁水來冲

慶申子辰丙龍富貴雙全出英雄三十七代人丁旺

壬午氣正丙龍富貴雙全出英雄三十七代人丁旺戊年侯忌見甲寅水泥水損丁字

景星慶雲授誥封忌見申方水井內泥漿凶

甲午氣五丙五午是火坑巳酉丑年家敗傾又見午

丁水棺木底爛崩

丙午氣正午龍家業平平祭人聰謀事穩妥諸班吉

申子辰年巳丑逢若見丑艮水泥水入棺中

戊午氣七午三丁官訟口舌紛人丁平常過歲招橫

事臨若見子癸水寅午戌年應

辛未氣七丁三午出人俊秀性不魯巳珍如雷䄈粟

陳貫朽庫若見卯方水棺内木穿出

癸未氣正丁龍出人富貴壽不窮若見庚方水亡人

癸厄卤亥列未年應

乙未氣五丁五未犯孤虛火坑敗絕最堪啼又見巳

水來屍骨巳成泥巳酉丑年應

丁未氣正未龍叟全富貴長久逢申子衣年應不爽

寅午戌歲定邅卤倘見丑艮水棺在水泥中

巳未氣七未三均犯孤虛砄禍退財定不移寅午戌

年出�ニ巳忽人見疑若見亥壬水兒孫橫事必

壬申氣七坤三未破家財瘋延消索寶可衰巳酉五

年應諸藥難調癸若見午方水棺內水洋來

甲申氣正坤龍出人聰俊富貴豐申子辰年必有兆

世代樂無窮若見艮流水棺內兩分卤

丙申氣五申五坤是黑風火坑敗絕主貧窮若見子

癸水井內泥水卤

戊申氣正申龍出人聰明壽長富貴變全若見甲方

水棺內有泥水

庚申氣七申三庚犯孤虛寡災事出奇又見乾方水

黑囊迻解

亡人受災逼

癸酉氣七庚三中富貴揚人財兩發福壽長若見丁

方水棺內是小塘

丁酉氣五戾五酉是火坑百事不遂絕人丁若見癸

土水棺內泥水永

乚酉氣正庚龍出人富貴最聰明若見戾宮水棺內

水泥坑

巳酉氣正酉龍文武近三公申子戾年應世代富貴

豐若見卯方水棺極不全宝

辛酉氣七酉三辛富貴悠人丁立財旺無憂亥卯未

年應乾水沖棺又堪愁

甲戌氣七辛三酉。一代富厚發不久后出僧每道寅午戌年有孤寡又敗絕諸事疊見憂若見壬方水墓生奇怪醜。

丙戌氣正辛龍八丁癸達樂時雍登科及第早申子食年逢若見甲卯水木根穿棺中。

戊戌氣五戌五辛犯孤虛火坑敗絕人多疾和尚少亡孤寡慘損妻尅子定無孕午未年前見方知受害高若見申方水棺木不全的。

庚戌氣正戌龍富貴榮華衣食豐巳酉丑年多見喜

三十六年出入聰若見午丁水棺骨入泥巾。

壬戌氣七戌並三乾出人。無財損少年。離鄉槽與道

損妻尅子二房佔申子辰年應賊退無其箕若見辰

戌水棺內泥水灘、

巳亥氣巳乾並三戌出人。孀寡少亡孫。瘋疾瘖啞實

足憐寅年戌年疊見哭倘見坎宮水棺內白蟻垦

丁亥氣正乾龍富貴大餂衣食豐申子辰年多吉慶

只怕巽水冲棺水泥凶

辛亥氣正亥龍巳財兩發福悠隆若見午丁水棺板

不全凶】

巳亥氣壹乾並五亥黑風火坑主絕敗申子辰年寅

午戌人走他鄉多苟怪若見庚酉水木根穿棺害

癸亥氣七亥孟三壬正官享豐亨人丁昌熾多美境

申子辰年應又見辰方水棺內不潔爭。

二十四山火坑神斷

戊子甲午氣難當　　　陰差陽錯是它七

慈聽師人真口訣　　　立宅安墳見損傷

申子辰年寅午戌　　　疾病官災損二房

軍賊牽連房房佔　　　泥水入墓不非常

巳五乙未氣凶強　　　其中大坑最不良

巳酉丑年亥卯未　　　　　疾病官災退田生

白蟻先從底下入　　　　　損妻尅子在三房

此坟若還不改移　　　　　兒孫恰似毛上霜

庚寅丙申氣不良　　　　　立宅安坟損長房

申子辰年寅午戌　　　　　損妻尅子最難當

疾病官災房房佔　　　　　水火牽連損幼房

白蟻先從底下入　　　　　田地退敗守空房

辛卯丁酉不爲強　　　　　立宅安坟損二房

亥卯未年巳酉丑　　　　　疾病官災損三房

水火牽連多橫事　　　　　因親連累房房當

壬辰癸巳氣如鎗　立宅安坟　損三房

申子辰年寅午戌　疾病官災　損小房

後代兒孫多僧道　損妻尅子　不安康

戊戌巳亥是空亡　立宅安坟　損長房

巳酉丑年亥邓未　疾病官災　損小房

水火牽連出外死　田地人財　如□霜

曰蟻先從底下入　兄孫忤逆　走他鄉

先聖云坐下無有真氣脉前面空又聳萬重山坐下

十分龍縱少前砂亦富貴正此耳

夫丙子庚子者二旬為珠寶謂之垫乘生氣得山川

之靈蓋羅誣三十六層之首吉也

透地六十龍式

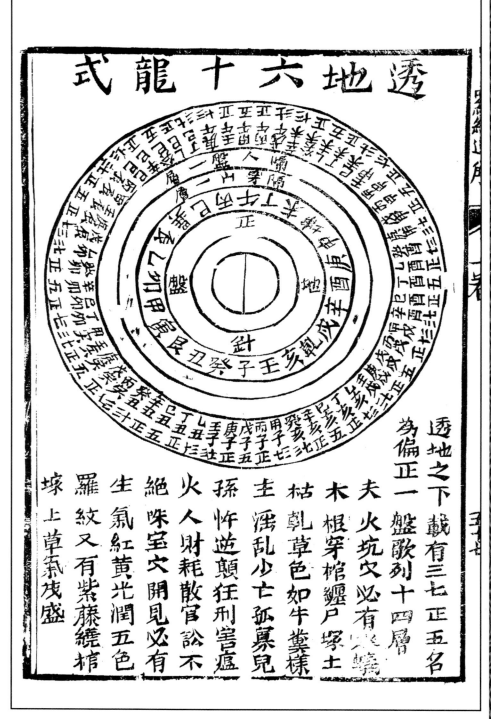

透地之下載有三七正五名

勢偏正一盤歌列十四層

夫火坑灾必有□蟻

木根穿棺纏尸塚土

枯乾草色如牛糞樣

主淫乱少亡孤寡見

孫忤逆頽狂刑害虎

火人財耗散官訟不

絶祟室文開見必有

生氣紅黄光潤五色

羅紋又有紫藤繞棺

塚上草氣茂盛

第十四層透地奇門子父財官祿馬貴人

先　穿山虎方行透地龍渾天開寶照金水日月逢

穿一虎者。七十二龍接脉。先識者須先察其來脉是

何龍八謂。不言龍而言虎指其法用五虎原遁之義

以應氣候也。方行者既識入首之龍然後可坐穴乘

氣透地者即坐穴六十龍也與七十二龍弯表裏透

者如管吹庆貫氣入穴穿者如線穿針串其�∽來也

渾天者。乃渾妖甲。∾起遁而尋四吉三奇之砂水也

寶照如明鏡照物。可見渾天轉而四　吉之星傋見金

水日月。四禽星相會合一處。取收本山來龍坐穴砂

水作用共合經盤五層為例先從六甲之節定上中

下三候既分用遁甲九宮起甲子。於何宮後遁卦例

識符頭之時住本龍之時泊子父財官因此而推日

月金水從此而會三奇八門依此而遁則星庵內卦

之事畢矣

陽遁起節歌

冬至驚蟄一七四　　　　　小寒二八　五為次

大寒春分三九六　　　立春八五二相逐

清明立夏四一七　　雨水九六三無失

小滿谷雨五二八　芒種六三九數之

陰遁紀節歌

夏至白露九三六

大暑秋分七一四

立冬寒露六三九

小寒霜降五八二

大雪四七一宮住

小暑八二五中推

立秋二五八宮求

处暑一四七內涵

第十五層透地卦配六十龍

其法以二十四向分配六十龍每一向管二龍半二
十四山共六十龍除震兌坎離四卦為體名曰四正
皆管八龍乾坤艮巽名曰四隅皆管七龍自甲子至
丙戌庚壬五子乙丁巳三丑八龍皆屬坎辛癸二丑
丙戌庚甲五寅七龍皆屬艮丁巳辛癸乙五卯戊庚
壬三辰八龍皆屬震甲丙戌巳辛癸乙丁五巳七
龍皆屬巽庚壬甲丙戌五午辛癸乙三未八龍皆屬
離丁巳二未壬甲丙戌庚五申七龍皆屬坤癸乙丁
巳辛五酉甲丙戌三戌八龍皆屬兌庚壬戌乙丁巳

辛癸五亥七龍皆屬乾⚊六龍分配於二十四氣自

甲子丙子戊子為大雪庚子壬子為冬至乙丑丁丑

巳丑為小寒而艮宮之辛丑癸丑為大寒丙寅戊寅

庚寅為立春壬寅甲寅為雨水前節氣管三卦中節

氣管二卦後六宮之卦皆少上六十龍各有分屬八

卦合成二卦辟如甲子至巳丑八龍屬坎此八龍內

卦少管定位如在管之卦為內卦凡遁來之卦為外

外皆坐定坎宮外遁加來者為外卦共成一卦先排

六十甲子卦例後知子父財官渾天甲子起例六十

龍配卦例圖列后

凡登山閱地則有六十龍透地余只錄二十四位為

旺相珠寶穴避去三十六龍為孤虛煞曜學者照余

二十四位珠寶穴圖五親四吉砂水以驗發福榮地

無有不應

凡取二十四位透地珠寶穴穴中裝卦例以三奇八

門子父財官貴人祿馬四吉五親諸峯秀美週圍相

應逢癸富貴或六爻諸峯有不全者當逢塔閣亭臺

培築土墩竹樹以補完造化必發福久遠

透地卦式

此盤合天元連山卦
而出透地為內卦
一曰連山夏得
人統易以艮
為首艮為
山連連不
絕也

正針地盤

第十六層六十龍配宿以應四吉砂水

二十八宿分布於六十龍之中從甲子起角木蛟順

行乙丑亢金龍丙寅氐土貉週而復始仍從角起輪

布二週各禽只管二龍唯角亢氐房四宿各得其三

龍以足六十數以備查起卦持世之宿推回吉之用

又一用法如六十龍甲子納音金龍係角木蛟管局

乃木受金龍以尅禽星受制且分金坐穴不宜坐金

度則木禽受尅太過大為不吉又如丙午水龍係奎

木狼管局禽星得水龍以生最為上吉更得分金坐

度相宜尤妙餘可類推

二十八宿分配六甲捷訣並附於左

甲子角兮乙丑亢丙寅丁卯氐房當次第排來至甲

戌虛宿管局不須裝參歸甲申氐歸午甲夜室火為

定矩甲寅管局是鬼禽每旬十宿排去輪按本篇盒

星必載之例假如甲子龍穿得角木蛟管山甲子是

金龍角乃木宿為金龍尅木更加渾天金度行龍禽

星受尅縱龍穴砂水緊蜜只可漸磅終必敗絕多出

瘋癆軍賊路死又如丙子水龍穿得奎木狼管山為

水生木再得龍穴砂水全美立向合法必主富貴無

疆禽星若受吞陌亦不吉如天台縣賈丞相諱似頴

祖地作酉山卯向是巳酉龍歸妹卦三爻丁丑壁宿

持世七元畢宿管局巳酉又屬丁酉穿得尾宿管山

躲食持世宿合從本山逐年順行至丁酉六旬而為

禍立見故其記云金星壁水㺄星現最喜金烏升寶

躲正酉諸侯半面君癸酉生人受惡春六十年後急

宜打尾火虎星果出現馬頭火焰種天紅被了金烏

傷寶殿地形天象殺氣同到此令人無眼見天機秘

密不容緘地記皆為千古驗此蓋蟠頭方位受尅而

持世之宿又受吞陷也凡禽在十二支中升殺入垣

大吉穴宿又宜用流水宿相生比和為

其法二十八宿藏於透地龍之下地盤作用取回吉

砂水禽星持世為透地龍納音相為表裏以及渾天

度相尅為官緣學者宜細心明辨

曰吉星乃金水日月四宿會合一処故名渾天開

寶照金水日月逢、

　　補逅四吉禽宮要訣

欲知四吉會何旬虛二鬼四尋箕　六畢在本宮氏在

三壁五翌七相繼續識得陰陽順逆尋我今立法堪

傳逆

　　補持世爻七曜起宿逅四吉訣

　　　陽逅進前順位　　　陰逅退宮逅位

七曜禽星會者孫曰虛月鬼火從　箕水畢太　氐金奎

位四土還從翌宿推

六甲管宿詩

甲子角兮甲戌虛甲申參位午逢　氐甲辰遇室寅逢

鬼此是六甲起宿詩

補二十四位珠寶災官局宿

内子室丁丑壁戊寅奎己卯婁庚　辰胃辛巳卯壬午

畢癸背甲申參乙酉井丙戌鬼丁　亥柳庚子牛辛丑

女壬寅虛癸卯危甲辰室乙巳壁　丙午奎丁未娄戊

申胃己酉昴庚戌畢辛亥背

二十八宿四吉寶照式

夫透地奇門六甲分為陰陽二遁，一陽生於甲子為

陽遁順起六儀遁佈三奇，一陰生於甲午為陰遁逆。

起六儀順佈三奇。所切者收四吉之山。察三奇之水。

坐祿馬貴人之方。忌五行關煞之鄉。避陰陽差錯之

位去星衰暗伏之亙。收八干清奇之度。以此量秒步

水氅髮無差。共収山定穴之法。須以渾天甲子為主

盍六十龍之中。十二支神各占五位。分甲子五行星

度術而乘之透地六十龍坐穴。為內卦。由渾天甲子

以推山水吉凶為緊切取貴人祿馬。或三奇乙丙丁。

四吉金水日月。五親砂水子父才官兄弟。以坐穴合

得八方之山。金水日月。或得之 龍向。或三奇秀拔有
力之山。或子父才官兄弟方峰。高圓秀有力。或貴人
祿馬拱扶合此為上地定出公侯卿相忠貞仁厚之
才。若含得三奇四吉必生經魁豪傑之士此法今人
皆所不知也。
先聖造此奇門卦例宿度則出乎自然而用之後世
學者多則未知也令以錄出四層以免失傳用不用
自在人心

羅經透解

丙子正壬龍大雪下局起甲子係甲戌為符頭在九
宮逆遁卦得澤水困屬金初爻奎木狼持世

上六
八、

九五

九四
應、

六三
八、

九二
世八

初六

丁未、
父母
兄弟

丁酉
貴人

丁亥　戊午
子孫　官星

戊辰　戊寅
父母　驛馬才星

戊辰父母在六乾戊寅才馬在中宮寄艮戊午官星
遁一坎丁亥子孫貴人在中宮寄艮丁酉弟兄貴人
在四巽丁未父母在震休門在震衝星一坎丁奇到
巽丙奇到震乙奇到坤四吉在艮室火豬骨局

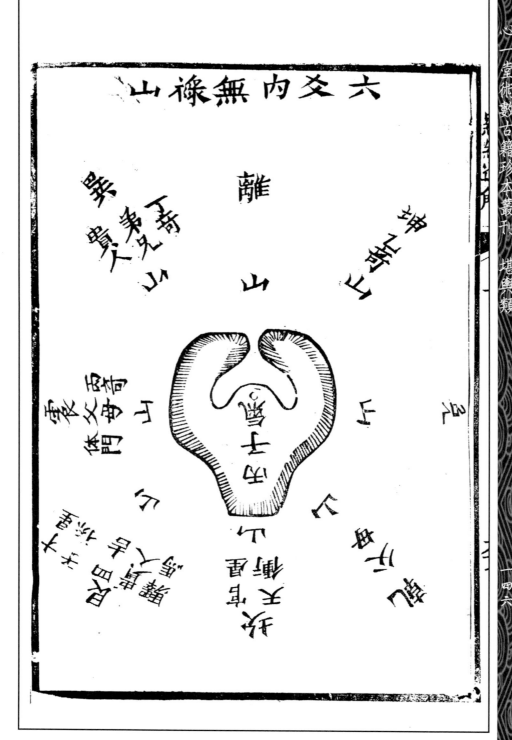

庚子氣正子龍冬至七宮起甲子一宮甲午為符頌

卦得雷水解霖卦屬木二爻心月狐持世

上六　六五　九四　六三　九二　初六

八　八應、　八、世　八

庚戌　庚申　庚午　戊午　戊辰　戊寅
　　官星　　　　　　驛馬　弟兄

才星　　子孫　子孫　才星

遁得戊寅弟兄在霖戌亥才星在坤戊午子孫在兌

庚午子孫在巽庚申官星在離真祿在離驛馬在三

霖貴人無庚戌財星在艮吉星在坎休門在兌英

星在坎丁奇四巽丙奇中宮乙奇乾係牛金管局

丁丑氣正癸龍小寒下局卦得風水渙五宮起甲子

甲戌為符頭乾宮順遁屬火五爻昴日雞持世

上九　九五　六四　六三　九二　初六

辛卯

　　（世）八八、應

父母　兄弟　子孫　子孫　父母

辛巳　辛未　戊午　戊辰　戊寅

遁得戊寅父母一坎戊辰子孫九離戊午兄弟在坤

辛未子孫三震辛巳兄弟四巽辛卯父母在坤宮四

言六乾真祿在五中宮寄坤丁奇二坤丙奇三震乙

奇在巽財官貴山俱無係壁水偷當局

八卦無財官貴馬山

離子孫山

生旺上

辛丑氣正丑龍大寒中局九宫起甲子係甲午尋签

頭三震順遁卦得風山漸屬土三爻心月狐持世

上九　九五　六四　九三　六二　初六

卞丶　八丶　八　、世　八　八

辛卯　　辛巳　　辛未　　丙申　　丙午　　丙辰

官星　　父母　　弟兄　　子孫　　父母　　弟兄

辛巳　丙申　丙午　丙辰
子孫　父母　弟兄
父母
弟兄

通得丙辰弟兄在兄丙午父母在乾丙申子孫在中

宮寄坤辛未兄弟在兄辛巳父母在艮辛卯官星在

離乙奇在艮丙奇在兌丁奇在剋貴人在乾禄馬山

無休門在離蓬星在坎四吉在震令土堪管局

六爻無禄馬山

坤子孫山

乾父星人

戌寅氣正艮龍立春下局二坤起甲子甲戌為符頭

三爻順遁得地山謙卦屬金五爻房日兔持世

上六　六五　六四　九三　六二　初六

八　八世八　　　八應八

癸酉　癸亥　癸丑　丙申　丙午　丙辰

弟兄　子孫　父母　弟兄　官星　父母

遁得丙辰父母在離丙午官星在艮丙申弟兄在兌

癸丑父母在乾癸亥子孫在兌癸酉弟兄在坤丁奇

在艮丙奇在離乙奇在坎驛馬在兌四吉在坤貴人

在乾休門在離艿星在坎財祿俱無奎木狼管局

六爻無財禄山

兄弟驛馬
子孫兄山
坤四吉
離休門
父母丙商

壬寅氣正寅龍兩水中局軋宮起甲子甲午為符頭

離宮順遁行得火山旅卦屬火初爻星日馬持世

上九　六五　九四　九三　六二　初六

己巳　己未　丙申　丙午　丙辰

、　八、應、八世

貴人　子孫　財星　弟兄　子孫
　　　　　　驛馬　才星　弟兄　子孫

遁得丙辰子孫在巽丙午弟兄在震丙申財驛馬在

坤巳酉財星在乾巳未子孫在兌己巳弟兄貴人在

坤丁奇在震丙奇在巽乙奇在中宮寄坤四吉在兌

休門在乾英星在坎無父宮祿山虛日鼠當局

六爻無父官祿三山

坤
乙商　　財星　弟兄
　　驛馬山
　　　財星山

離

乾山

天孫山

休門

童尊王

巳卯氣正甲龍驚蟄上局坎宮起甲子係甲戌二宮

符頭順遁得山雷頤卦屬木四爻鬼金辛持世

上九　六五　六四　六三　六二　初九

八　八　八　世八、八、應

丙寅　丙子　丙戌　庚辰　庚寅　庚子
兄弟　父母　財星　財星　弟兄　父母
貴人　　　　　　　　　　貴人

遁庚子父母在坎貴人在坎庚寅弟兄在離庚辰財
星在艮丙戌財星在中宮寄坤丙子父母貴人在巽
丙寅弟兄在兌丁奇在兌丙奇在艮乙奇離休門在
艮逢星一坎四吉在中宮寄坤子孫祿馬無婁金狗

山子官馬禄鏴

管局

兌丁奇山

乾

坤巳吉

財屋

壬

癸卯氣正卯龍春分中局九　離起甲子震宮甲午為

符頭卦得震為雷屬木六爻畢月烏持世

上六　六五　九四　六三　六二　初九

、世　　八　　八、　　　八應　八、

庚戌　庚申　庚午　庚辰　庚寅　庚子

財星　官星　子孫　財星　弟兄　父母

遁庚子父母在離庚寅弟兄在艮庚辰財星在兌庚

午子孫在乾庚申官星在坤庚戌財星在坎丁奇有

乾丙奇七兌乙奇八艮四吉三震祿山九離休門二

坤莴星一坎馬貴俱無係危月燕官局

六 文 無 馬 貴 人 二 山

兌 財 星 山
兩 荷

乾 才 秤 人 欲 山

庚辰氣正乙龍清明上局巽宮起甲子中宮甲戌為

符頭卦得震為雷屬木六爻畢月烏持世

上六　六五　九四　六三　六二　初九

八世八、　　　八應八、

庚戌　　庚申　　庚午　　庚辰　　庚寅　　庚子

財星　　官星　　　子孫　　財星　　　父母
　尋星　　　　　　　　驛馬　　　　　　驛馬
　　　　　　　　　　弟兄

遁庚子父母在巽庚寅弟兄驛馬在震庚辰財星在

坤庚午子孫一坎庚申官星祿星六乾庚戌財星在

中宮寄坤乙奇在震丙奇坤丁奇坎四吉兌柱星坎

休門坤貴山無胃土雜管局

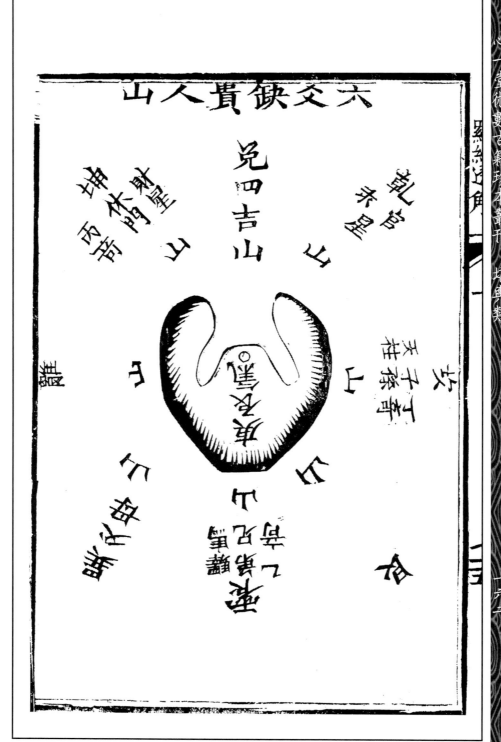

山人貴缺爻六

甲夜氣正爰龍谷兩下局八艮起甲子霣嚳爲符頭

卦得巽爲風屬木六爻軫水蚪持世

上九　九五　六四　九三　九二　初六

世、　　　　　八、應、八

辛卯　辛巳　辛未　辛酉　辛亥　辛丑
　　　子孫　　　辛酉　父母　財星
　　　貴人星　官星　　　　　　貴人

遁辛丑財山貴人在離辛亥父母一坎辛酉官星二

坤辛未財山貴人在乾辛巳子孫在兑辛卯弟兄八

艮丁奇中宮寄坤丙奇六乾乙奇七兑四吉八艮休

門一坎冲星一坎祿馬俱無室人猪管局

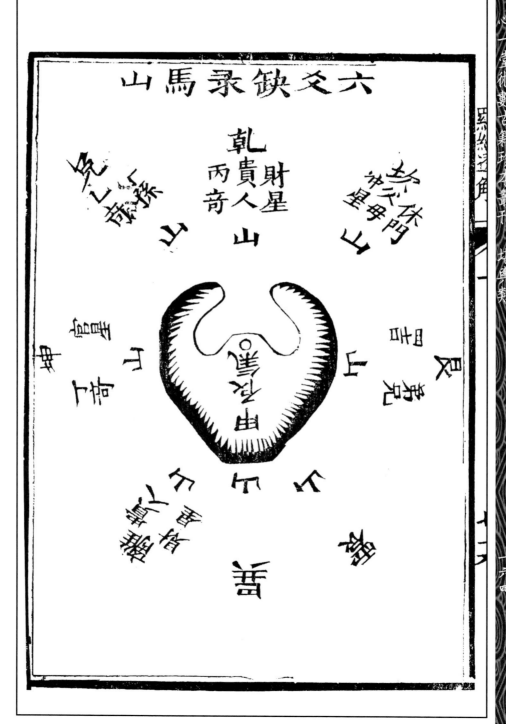

山馬泉缺爻六

辛巳氣正巽龍立夏上局巽宮起甲子中宮甲戌為

符頭卦得澤風大過屬木四父柳土獐持世

上六　九五　九四　九三　九二　初六

八、八、世、八應

財

丁　　丁亥　辛酉　辛亥、辛丑

貤星　　驛馬毋

祿星　官星　驛馬毋　財星

遞得辛丑財星在中宮寄坤辛亥驛馬父母在乾辛

酉官星祿星在兌丁亥驛馬父母在離丁酉官星祿

丁酉　星在坎丁未財星在坤丁奇坎丙奇坤巳奇震四吉

丁亥　坎休門坤天心坎貴人無昴日鷄管局

六爻無貴人山

乙巳氣正巳龍小滿下局艮官起甲子順遁甲承三

震為符頭卦得雷風恒屬木三爻尢金龍持世

上六　六五　九四　九三　九二　初六

八應八、八、世、八

庚戌　庚申　庚午　辛酉　辛亥　辛丑

財星　官星　官星　辛亥　辛丑
　　　貴人　子孫　官星　驛馬
　　　　　　　　　　父母

遁得辛丑財星在離辛亥驛馬父母在坎辛酉官星

在坤庚午子孫在中宮喬坤庚申官星貴人在坎庚

戌財星在離丁喬在中宮寄坤丙喬在乩乙喬兌四

吉震休門艮英星坎禄山無璧水偷菅局

六爻無祿山

乾丙奇山

龍驛父天
建馬河母來

坤

巽

兌丁奇山

艮破門山

寅午戌

申子辰

坤壬乙

巳酉丑

亥卯未

甲

辛

坎

震

壬午氣正丙龍芒種上局六乾起甲子，七兌甲戌爲

符頭順遁卦得風火家人。屬木二爻張月鹿持世

上九　九五　六四　九三　六二　初九

　、、應八、、八世、

辛卯　辛巳　辛未　巳亥、巳丑　巳卯

弟兄　辛未　巳亥　巳丑　巳卯

貴人　子孫　財星　父母　弟兄

　　　財星　祿星　財星　貴人

遁巳卯貴人弟兄在震巳丑財星在巽巳亥祿星父

母在中宮寄坤。辛未財星在巽巳子孫貴人在中

宮寄坤。辛卯弟兄貴人在乾。丁奇震丙奇巽巳奇中

宮寄坤。辛巳辛未巳亥，巳丑，巳卯

宮寄坤，四吉離。休門艮柱星坎宮馬無畢月烏官局

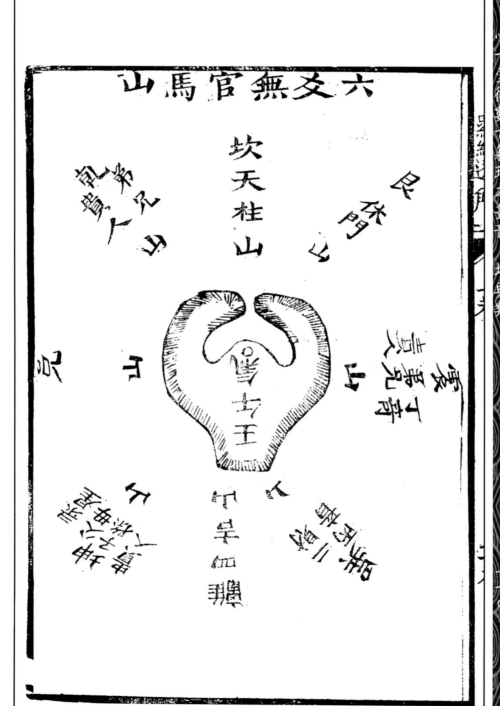

坎天柱山

艮休門山

羅經透解〔上卷〕

丙午氣正午龍夏至下局乾宮起甲子逆遁二坤卯

衣為符頭卦得地火明夷屬水四爻井木犴持世

上六　六五　六四　九三　六二　初九

八　八　八世、　　八　八、應

遁得巳卯子孫在離巳丑官星在艮巳亥弟兄貴人

癸酉　貴人　父母

癸亥　貴人　弟兄

癸丑　官星　子孫

巳亥　巳丑　巳卯

到兌癸丑官星到坤癸亥弟兄貴人到坎癸酉父母

貴人到乾丁奇離丙奇艮巳奇兌四吉巽休門乾英

星坎祿馬財山俱無奎木狼管局。

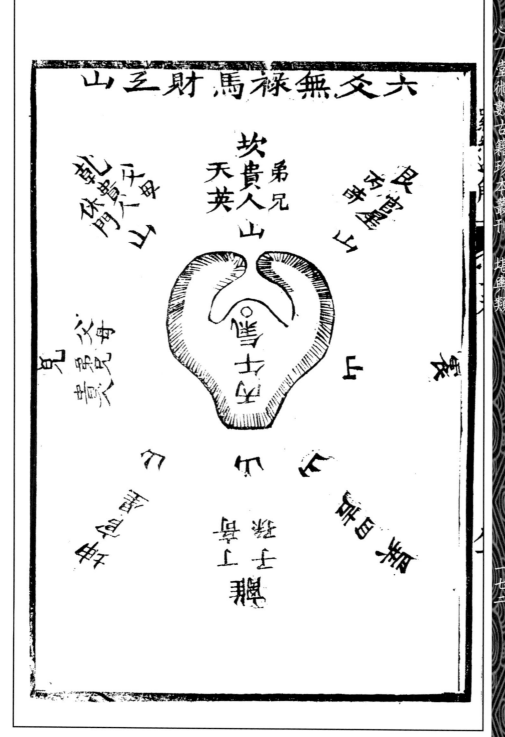

六爻無祿馬財三山

癸未氣正丁龍小暑上局八艮起甲子兌宮甲戌為

符頭逆遁卦得離為炎屬火六爻尾火虎持世

上九　六五　九四　九三　六二　初九

世　八、　八、應　八、

巳巳　巳未　巳酉　巳亥　巳丑　巳卯

騆馬驛人　子孫　財星　官星　子孫　父母
貴人　　　　　　　　　　　貴人

遁得巳卯父母貴人到坤巳丑子孫到坎巳亥官星

到離巳酉財星到艮巳未子孫到兌巳巳騆馬貴人

弟兄到震丁奇坤丙奇坎乙奇離四吉離休門坎天

英坎祿山無齟火猴管局

六爻無祿山

一卦管三山無山方

宜倍

宜生旺處忌洩繁方

坎
丙奇　子孫　天英　休門
山

乾

艮

巽

坎

坎

爻諸峯有塔閣亭臺

士散浦不全造速或六富貴應旺秀必奇高三四吉顯壽貴多無疾顯旺秀多馬方生長子孫山甲顯山秀甚倉金裏主宅盈財帛田宅廣科官美

丁未氣正未龍大暑下局巽宮起甲子九離甲衣為

符頭卦得雷北豫屬木初爻亥炎鬼持世

上六　六五　九四　六三　六二　初六

八　八　、應　八　八

庚戌　庚申　庚午　乙卯　乙巳　乙未

財星　官星　子孫　弟兄　子孫驛馬　財星

遁得乙未財星到離乙巳子孫驛馬到艮乙卯弟兄

到兌庚午子孫祿山到兌庚申官星到坤庚戌財山

到震丁奇兌丙奇乾乙奇中宮寄艮四吉震休門巽

天柱坎父　母貴人俱無箕水豹管局

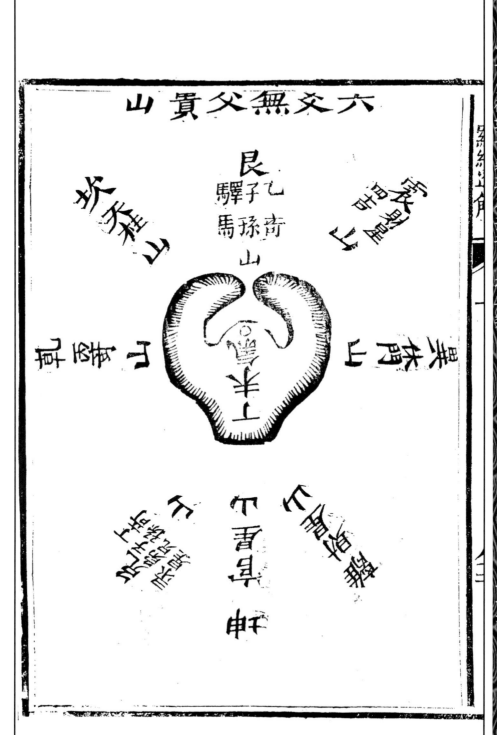

六爻無父賈山

甲申氣正坤龍立秋中局中宮起甲子三震為符頭

卦得坤為地屬土六爻　女土蝠持世

位	世應	六親	干支
上六	八世八	子孫	癸酉
六五	八	財星〔弟兄〕	癸亥
六四	八	官星〔貴人〕	癸丑
六三	八應八	父母〔弟兄〕	乙卯
六二	八	弟兄〔貴人〕	乙巳
初六	八	貴人	乙未

遁得乙未弟兄貴人到坎乙巳父母到離乙卯官星
到艮癸丑弟兄貴人到坎癸亥官星到離癸酉子孫
中宮寄艮丁奇艮丙奇兌乙奇乾四吉艮休門坎遷
星坎祿馬無參水猿管局

六爻無祿馬山

官星
文子星山
丁奇

庚申氣正申龍處暑下局兌宮起甲子三震甲爻為

符頭卦得澤地萃屬金三爻壁水偷持世

上六　九五　九四　六三　六二　初六

八、　　　　　　八　八世　八

應、

貴人　　弟兄　子孫　財星　官星　父母

父母

丁未　丁酉　丁亥　乙卯　乙巳　乙未

遁得乙未父母貴人到震乙巳貴星到坤乙卯財星

在坎丁亥子孫到坤丁酉弟兄到坎丁未貴人父母

到離丁酉坎丙帝離乙帝艮四吉兌休門離天英坎

胃土雉管局

馬山無

艮乙奇山

一八〇

乙酉氣正當危白露中局三震起甲子一坎甲申為

符頭卦得雷澤歸妹屬金三爻蟞水猻持世

八應 八

上六 六五 四 九三 九二 初九

八、 八世、 八世、

庚戌　父母

庚申　兄弟　貴人

庚午　官星

丁丑　父母

丁卯　親星

丁巳　官星

遁得丁巳官星到巽丁卯祿星財星到離丁丑少母到艮庚午官星到乾庚申弟兄貴人到坎庚戌父母在坤丁奇乾丙奇中宮乙奇巽休門

震天芮坎四吉

裹井木扞管局

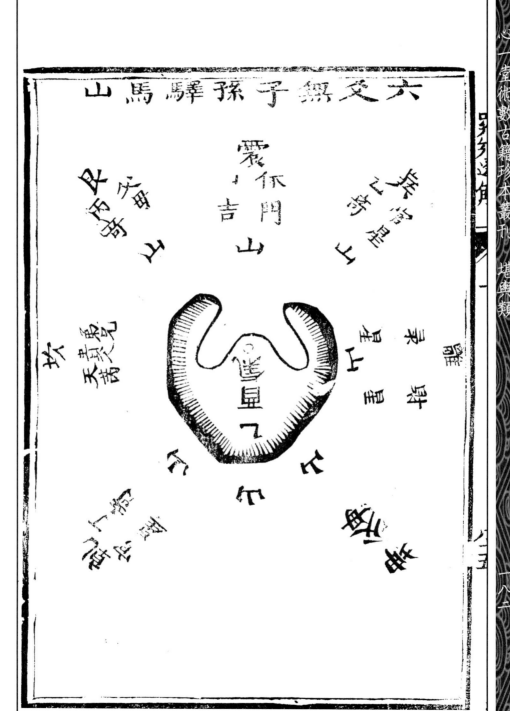

六爻父子巽孫驛馬山

巳酉氣正酉旌秋分上局七兄起甲子三震甲辰為

符頭卦得雷澤歸妹屬金三爻璧水偷持世

上六　六五　六四　九三　六二　初九

八應　八、　　八世、　八、

庚戌　庚申　庚午　丁丑　丁卯　丁巳
父母　弟兄　貴人　录官　父母　財星　官星

遁丁巳官星到艮丁卯財星在巽丁丑父母到震庚

午录官星到坎庚弟兄貴人到中宮寄艮庚戌父母到

乾丁奇坎丙奇離乙奇艮四吉兄休門巽天輔坎為

日雞管局

山馬子無爻六

裹父母山

裹父母上

己酉丑善　龍人元華山

艮丙向上

龍丙向山

天罡

乾

坤甲癸申山

丙戌氣正辛龍寒露中局九離起甲子七兌甲申為

符頭卦得天澤履屬土五爻牛金牛持世

上九　九五　九四　六三　九二　初九

、　　　、世　　　　　　八、應

壬戌　壬申　壬午　丁丑　丁卯　丁巳

弟兄　子孫　父母　官星　父母　弟兄
驛馬　　　　　　弟兄　永屬

遯丁巳父母祿星到坎丁卯官星在乾丁丑弟兄到

中宮寄艮壬午父母到離壬申子孫驛馬到坎壬戌

弟兄到中宮寄艮丁酉震丙奇坤乙奇坎四吉中宮

寄艮休門乾天柱坎鬼金羊管局

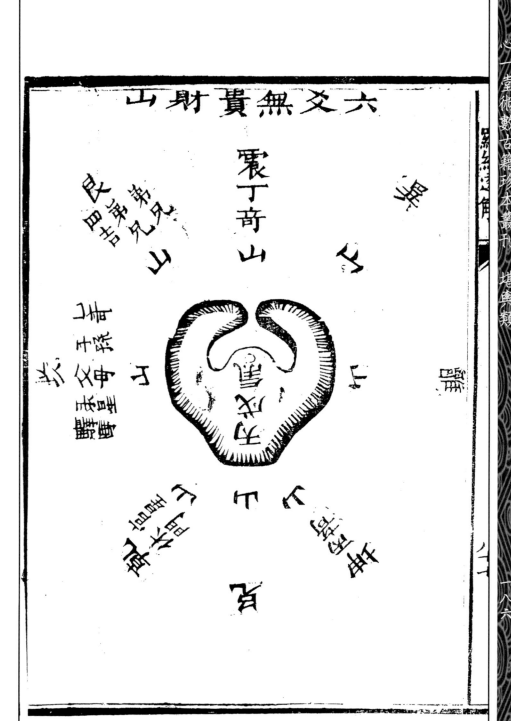

六爻無貴財山

夾戌氣戌龍霜降上局中宮起甲子一坎甲衣為

符頭卦得大天大有屬金三爻室犬猪持世

上九　六五　九四　九三　九二　初九

　、應　八、　　　、世、

巳巳　巳未　甲衣　甲寅　甲子

官星　貴人　弟兄　父母　財星　子孫

遁甲子子孫到中宮寄艮甲寅財星到離甲衣父母

在坎巳酉弟兄到中宮寄艮巳未父母貴人到巽巳

巳官星到離丁奇艮丙奇見乙奇乾四吉離休門巽

天柱坎畢月烏管局

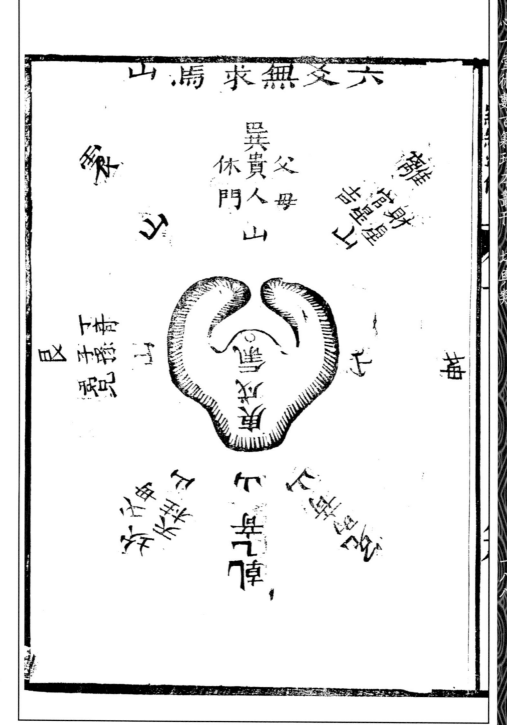

丁亥氣正乾龍立冬中局離宮起申子七兌甲申為

符頭卦得雷天大壯屬土。四爻箕水豹持世

上六　六五　九四　九三　九二　初九

八　八　　、世、　　、應

庚戌　庚申　庚午　甲辰　甲寅　甲子

子孫　父母　弟兄　官星　財星
录星

遁甲子財星到離。甲寅官星到巽甲辰弟兄到中宮

寄艮庚午父母禄星到震。庚申子孫在兌庚戌弟兄

到艮丁奇震。丙奇坤。乙奇坎。休門震天英坎四吉離

柳土獐管局

山貴馬無爻六

巽官星山

巽官星山

艮　兒
　　兒
　　兒山

辛亥、氣正亥龍小雪上局中宮起甲子。一坎甲辰辰

符頭卦得地天泰屬土。三爻室火猪持世

上六　六五　六四　九三　九二　初九

八應　八　八　、世、、

癸酉　癸亥　癸丑　甲辰　甲寅　甲子

祿星　財星　弟兄　甲寅　甲子

子孫　弟兄　弟兄　官星　財星

　　　　　貴人

遁甲子財星到中宮寄艮甲寅官星貴人到離甲辰

弟兄一坎。癸丑弟兄一坎癸亥財星九離。癸酉子孫

祿星到中宮寄艮。丁奇艮丙奇兌乙奇乾休門震天

輔坎觜火猴管局。

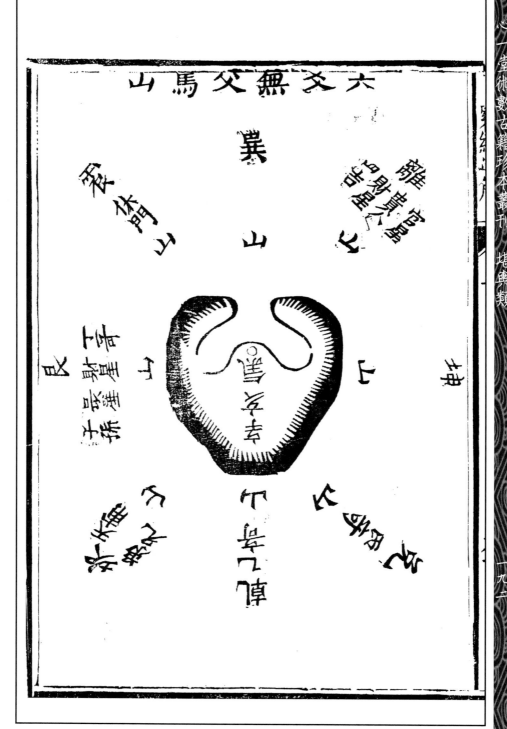

此乃六十龍透地難以詳列只錄丙子三丁交
十二天干以為旺氣穴庚子一旬至辛亥十二地支
為相氣穴共為二十四個珠寶古聖云葬乘生氣即
此謂耳又云坐下十分龍縱少前砂亦富貴唯戌子
一旬至巳亥壬子一旬至癸亥甲子一旬至乙亥此
三十六龍透地為孤虛煞曜葬之為得地不得穴聖
人云坐下若無真氣脉前面空髮萬重山又云十坟
葬下九坟貧是也然此務觀三奇以定水局看子父
財官祿馬貴人以定吉砂看金水日月以定坐向子
財官弟兄出於向地收砂宮位上有秀峯壬子孫
父

聰俊登科及第世代富貴學者取用即在人盤中針

恭詳發福更有力。

六方位

山有三八位只二四。二四重之八卦斯是一卦六爻

爻起渾天子父財官却鬼位鳥故子山高則子孫旺

父山峙則田宅廣財山聳則金帛盈官山秀則科甲

顯刧凌則甚鬼欺傷重更無生尅此天機妙斷。

尅我者官我尅者財坐我者父我生者子比和者兄

兄自立穴處。細觀若官鬼方高過穴必富貴低小則

貧賤妻財高過穴。則妻美盫甚低則不能豐亨父母

方高則父子和睦低小不睦兄弟方高則弟兄友愛

否則相仇五者之外又有長生方高旺秀則無疾多

壽低則遊蕩多疾色慾六親人丁看子孫與弟兄之

挨護官職之大小看官貴之高低此先聖心授之法

第十八層經針天盤辨來去之水

夫天盤名曰縫針亦與淩山相合前人論之以龍向

消去來之水以辨休囚旺相之方所以縫針與正針

隔半位正針者正對子午名曰地盤楊公制之納龍

立向則縫針與壬子同宮丙午同宮為天盤收水作

用賴公中針子癸逢中午丁同宮名曰人盤方人傳

之以為消砂。又名撥星法論選擇以太陽到方。到向
十二宮分野十二次纏度所以天地人三針各自為
用無窮至於收水之法其理多門錯亂無憑恭其中
精微之理。不外淨陰淨陽伏羲先天八卦洛書之源。
如乾南坤比乃洛書載九。覆一先天離東坎西乃洛
書左三右七。皆得奇數是為淨陽先天兌居東南巽
居西南乃洛書二四為肩先天震居東北艮居西北
乃洛書六八為足皆得偶數是為淨陰賴公所謂萬
物之生不生於一必兩奇遇奇偶遇偶奇遇偶偶遇
商方美不然則非孤即寡安能生育務必立陽向則

喜陽水來雜陰則凶陰水來立陰向雜陽則凶賴公

净陰净陽之法如此而廖公用輔星卦辨來水公位

其法大有深義專以向上為主就向起輔看去來之

水不拘生旺墓等法總要水從天干放不宜瀦地支

合言則吉合凶則凶有歌云唯有輔星卦最佳古今

水法此為先貪巨輔武四星吉破祿文廉凶莫占乾

坤坎離四陽定震巽艮兌四陰判巳上九星食歲八

一星一卦管自然卦值吉星從吉論卦遇凶星照凶

言若是吉星入陽位凶神便入四陰前凶星若遊回

陽兩吉便入陰不雜偏但思一卦有數水陰陽莫案

清切翻。乾納甲。兌坤納乙。壬與寅戌離宮納坎癸申

辰納水音十二宮皆屬陽立向收水莫逢陰艮納丙

兮巽納辛東震納庚與亥未西兌納丁巳丑金十二

宮水皆屬陰陽水破局即凶星翻得離宮貪狼值其

中寅戌與坎壬合斷貪狼固是吉回條宜無分別情

一翻上起下落兮。二翻下起上落提三翻中起仍中

落。四翻過起過落齊。輔武破廉起從向次將貪巨祿

文移。初移左輔得官貴慈恭孝友定可必。再移武曲

富貴全。及第登科屬壽眉。三移破軍凶恭揚投軍家

敗少年斃第四廉貞最凶狂橫傲欺詐忤且逆。五移

逕看貪狼星。生人孝友聰明竒巨門第六吉星位衣
食豐足倉庫積第七祿存多狂妄心性頑鈍僧道呢
第八文曲好滛亂虛詐顛狂多眼疾余遵考先賢註
解編成一類。以醒後學隱秘難明之患因錄歌再解
云星卦捆配成一胎。無羞無錯任君裁先變乾卦學
中起上兊下震小指排。無名指上坤與坎中指巽上
艮低徊上離下乾睛食指。一卦既定餘翻來且乾坤
坎離屬陽乾納甲。坤納乙坎納癸申及離納壬寅戌
十二宮屬陽地盤謂之十二陽龍天盤納水謂之十
二陽水。巽艮震兊四卦屬陰巽納辛。艮納丙。震納庚

亥未兌納丁巳丑。十二宮屬陰地盤謂之十二陰龍

天盤謂之十二陰水。凡有穴中看求水水。陰水來立陰

向收之陽水來。立陽向收之先聖云陽向水來陽富

貴百年昌。陰向水來陰。富貴斗量金當用翻卦掌翻

之從何起輔武破廉貪巨祿文以定之如乚向就從

坤宮起輔坎上武兌上破震宮廉離上貪乾宮巨巽

上祿。艮宮文之類餘卦皆然。古聖云。不徃易卦之變

換不足以言風水。余特錄此共識而張九儀水法吉

凶論九星定序。貪巨祿文廉武修輔弼定位從艮宮

起故羅經艮註貪巽註巨乾註祿離註文震註廉兌

註武坎，註破坤，註輔弼，以之審龍格，變換砂體之方

位確不可易，此水法從輔起，其序則輔武破廉貪巨

祿文定倍，而二十四向各從向起輔，依序定局。毋一

水路皆有輔武破廉貪巨祿文輔武貪巨吉，伍破廉

祿文凶。總之轉移妙用，非言能罄

楊公九星以論水之去來。故離水皆從天上來。以

天盤收之，為在天之九星。廖公九星以論砂。故

龍須向地中行，以人盤消之，為在地之九星。

廖公九星，太陽太陰金水紫氣天財天罡孤曜燥

大掃蕩楊公九星，左輔右弼武曲貪狼巨門破軍

祿存廉貞文曲。

一子而上
是真言二
子脚踏兩
頭船,三子
宮位處立。
孟白仲青
李何前。

翻卦掌訣式

離　巽　坤　兌
乾　艮　坎　震

輔武破,廉貪巨祿文

上起下落,下起上落,中起中落邊起邊落

二十四位起向山。一掌翻來不用關。局內卦爻顛

到用水之禍福淺機關

水法古凶斷其些。每從向上起。輔武破廉貪巨

輔弼水來最高強　身房富貴福壽長

輔弼水去退田庄　男妖女亡爲孤孀

此水朝來房房發達唯三房最盛亡人屍骨傑淨

武曲水來發衆房　世代爲官近帝王

武曲水去血光死　男女離鄉走外邦

此水朝來長晚房人口與旺。子孫聰明寅午戌亥

勿末年中房大旺。百子千孫綿遠亡人筋骨乾淨

紫藤蓋棺之兆。

破軍水來是凶神　　　　　先殺長子後殺孫

破軍水去大吉昌　　　　　為官英雄近帝王

此水朝來先敗長房田地人財官事牽連出人凶

暴投軍作賊戈妖男七子孫墮啞疾病已酉丑寅

午戌年應殘疾顛狂少亡淫亂酒色亡人骨骸黑

色。木根繞棺白蟻咬棺。

廉貞水來最難當　　　　　連年瘟瘟起禍殃

廉貞水去最為良　　　　　富貴榮華定一房

此水朝來。大敗長房亡人筋骨人死。口開頭側左

邊棺槨木根穿有衣無蓋蛇鼠蟻虫作窠子孫眼

疾脚殘女產男亡少年孤寡吐血巳酉丑亥卯未

年中房退敗長房最為且遠改之則吉

貪狼水來照灾塲　　人丁千口發衆房

貪狼水去好貪花　　賣盡田地絕了家

此水朝來。先發長房後發衆房百子千孫見官星

即早發科甲若見田塘溪坑毛流小水富貴歴來

亡人筋骨軋淨巳酉丑寅午戌應

巨門水來朝曲堂　　兒孫世代主榮昌

巨門水去主難鄉　　賣了田地走外邦

點穴透解

此水朝來房房發達多生貴子亥卯未年應百事

興旺水去子孫九流術人僧道蟣螺為牛生白子

若是溪坑毛流小水子孫享福無疆

祿存水來敗長房　　　長房人口定遭殃

祿存水去大吉昌　　　富貴榮華歸長房

此水朝來先敗長房瘟火牛災退敗女妖男亡子

孫聾啞亥卯未寅午戌年應若見田塘溪溝毛流

小水亡人屍骨入泥十五年白蟻蛇虫咬棺木根

穿內

文曲水來起高峯　　　出人少亡主貧窮

羅經□□□　一八上

文曲水去生雙子　田地家財次第隆

此水朝來小五中房先敗家薪冷退女產男亡子

孫聾啞懶惰顛狂投河自縊賭賻淫亂亥卯未巳

酉丑年中房退敗若見田塘溪坑毛流小水七人

屍骸入泥十二年白蟻食棺二十四年蛇鼠入棺

木根纏筋骨

論水臨位

貪狼臨位永無災紫草生從腳下來兩面紅顏由尚

在衣服恰似湛新裁

巨門乾淨起灰塵灾內祥烟紫氣生因此見孫多富

貴出人清奇又超羣

祿存宮見水中來翻棺倒槨最可哀不信請君開穴

看其中泥水更生災

武曲朝來最爲奇兒孫金榜有名題若見水來從吉

位鐘鳴黻食不湏疑

破軍臨位不堪言竹木根藤繞棺纏又主兩頭蟻虫

聚屍骨棺槨俱難全

廉貞朝來蟻虫多蛇鼠穿棺自作窩屍骨損傷多黑

爛衆房子孫受瑳磨

文曲星官事若何流來灾前泥水多更生兩頭泥水

聚定知白蟻結成窩

輔弼臨位映穴塲富貴悠久百事昌房房均發無尅

損亡人精傑紫氣香

論天地定位四方所牧之穴　輕點非艮德之家不可

進二位是丁丙水來立丁向艮納丙兑納丁山澤通

如乾山行龍從乾數之至丙十五數丁水來立丙向

氣定位於南方

如艮山行龍從艮數之至庚十五數辛水來立庚向

進二位是辛庚水來立辛向褁納庚巽納辛雷風相

薄定位於西方

如巽山行龍從巽數之壬壬十五數癸水來立壬向

進二位是癸壬水來立癸向離納壬次納癸水火不

相射定位於北方

如坤山行龍從坤數之壬甲十五數乀水來立甲向

進二位是乀甲水來立乀向乾納甲坤納乀天地定

位於東方

　論驛馬水

申子辰馬到寅　　陽見陽輔星為巨門

寅午戌馬居申　　陽見陽亦為巨門

巳酉丑馬在亥　　陰見陰輔星為武曲

亥卯未馬在巳　陰見陰亦爲武曲

論相刑陰破陽陽破陰

寅刑巳巳刑申爲無恩刑子刑卯爲無禮刑丑刑戌

戌刑未爲恃勢刑　以上犯之主徒流斬絞禍敗驗

論相穿六害

子未　丑午　寅巳　申亥　酉戌　辰卯

主消財耗亡甚爲可畏

桃花煞即四生敗地破局水

陰陽破局一名獨火煞又名氷消瓦解水來把之

亥卯未鼠子當頭忌木生在亥敗在子故忌鼠

巳酉丑曜　馬南山走金生在巳曜在午故忌馬

此二局　皆淨陰子午陽水來破即為桃花水若卯

酉合局不忌

甲子衣雞叫亂人倫水土生在申敗在酉故忌雞

寅午戌兔從茅裏出火生在寅敗在卯故忌兔

此二局皆淨陽卯酉陰水來破即名桃花水若子

午合局不忌

內盤立向而向之宜兼不宜兼者

丁未　坤申　庚酉

戌乾　壬子　子癸　丑艮　寅甲　乙辰　巳丙　如

皆彼此不可相兼水路之可遶流者亦然_{內有午辛卯亥辛}

而向不可相兼_如

辛戌　乾庚　亥壬　癸丑　艮寅　甲卯　辛乚

辰巽　巽巳　丙午　午丁　未坤　申庚　酉辛

皆彼此不可相兼水路之不可遶流者亦然_{內有巽巳}

酉辛八煞所忌

凡此不可相兼之向犯之則獨子與三子受俠人

皆暗中被害而不知今特註明以免相兼之誤若

左邊犯之則仲房受害右邊犯之則孟房受害水

路流來亦然

先天八卦消爻煞以坐山來龍論水口坐山消

水口則吉水口消坐山來龍則凶主子孫官非

退財敗絕速應

乾甲壬消兌丁山兌丁消震庚山震庚消坤乙癸山

坤乙癸消艮丙山艮丙消巽辛山巽辛消乾甲壬山

後天滅爻煞吉凶與前同論消者衰滅者絕

乾甲壬滅艮丙山艮丙滅震庚亥未山震庚滅離山

離寅戌滅乾甲壬山坤乙癸滅巽辛山巽辛滅兌丁

巳丑山兌丁巳丑滅坎申辰山坎申辰滅坤乙癸山

乃後天卦破先天卦位

収水納宮位

先賢小地先看山次看水次雖在山禍福在水點穴
之法以水定之水動為陽山靜為陰故山為婦水為
夫婦從夫貴水之應驗速如砂有關於二宅之興衰
得水為上穴中見左右前朝先從發源現眼処納宮
倖到堂或三溝俱是陰水立陰向以収之或三四溝
盡是陽水立陽向収之乃為成局或一溝陰水謂之
曲中失一無妨水總以發源處為的過宮水不必論
或一概陽水立陰向即為破局萬不可陰陽相雜而
水去宜流天干莫放地支先聖云萬水盡從天上去

尋龍雖向地中行又云。山與筆筍好裝卦。水去之玄

莫問方。下砂牧盡源頭水。兒孫賣盡世間田

分合泥水斷

直硬不開鏈者孤陰。平埧無化生頭者孤陽。無包裹

無分合者。主有泥水並連落風者。先泥後水漏胎者

先水後泥撞脉者。先泥後水脫脉者。先水後泥。左缺

右生右缺左生。打破太極圖泥水便㮣。若深藝杳杳

無蓋若浅藝底光穿。赤天帶氣生白蟻。必有木根仰

亢胥箕真泥水斷。卿乘風水濕泥漏胎風蕩爛板骨

龜頭鵝頭主孤殘有分無合一板水有合無分一板

泥

論放水

乙辛丁癸神名小衣戌丑未小神表甲庚丙壬號中

神子午卯酉中　神照唯有乾坤艮巽方寅申巳亥大

神當四維八干流皆吉若放支衣起禍殃富貴貧賤

在水神水是山家血脉精山静水動晝夜定水主財

禄山主人是水流歸東大海唯有異官可去來第一

識龍要識尖海裏尋珠為上訣第二要識面前砂斷

穴禍福定無差第三要識九宮水斷人禍福靈如鬼

稍有禍福砂水斷貴賤還須龍上看

水法吉凶歌

收山出煞有何功。破禄廉文要坐空貪巨輔武收人

穴何愁大地不相逢

七曜歌

大墓是破軍絕胎是禄存養生貪狼位沐浴冠帶文

武曲臨冠旺逢衰是巨門廉貞兼病死七曜一齊分

原真一書水法總以双山三合以水口為定向坐於

四局四十四圖八十八向余以纏成歌訣以俟學者

便覽易識

歌　寅午戌丑正出乾乾亥庚酉放辛邊亥卯未壬出

壬位再變乾亥出乾元

臥　亥卯未戌正出坤坤申丙午且放丁申子辰庚放

庚上再变坤申正出坤

水　申子辰未正出巽巽巳甲卯出乙定巳酉丑丙放

出丙再變巽巳出巽順

局　驗　巳酉丑辰正出艮艮寅壬子癸宮問寅午戌甲放

出甲。再變艮寅正消艮

詳論八干行龍四局合龍通竅陰陽配合夫婦

同庫之源

西南丁庚行龍系巳酉丑金局金生巽巳沐浴丙午

至養乙辰萬水俱從丑位上出水口經云斗牛納

丁庚之氣出解曰丙以丁嫁於庚丁為婦庚為夫

庚金生巳旺酉丁火生酉旺巳全庫在丑夫婦正

配夫唱婦咋之義合成金局方有結作

東北癸甲行龍系亥卯未木局木生乾亥至養辛戌

萬水俱從去口出經云金羊收癸甲之靈也解曰

壬以癸嫁於甲甲為夫癸為婦癸水生卯旺亥用

木生亥旺卯同庫在未得夫婦正配夫唱婦隨之

義合成木局方有結作

西吐辛壬行龍係申子辰水局坐坤申養丁未為水

俱後辰位出水口經云辛壬會而趨辰也解曰庚

以辛嫁於壬辛為婦壬為夫辛金生子旺申壬水

生申旺子同庫在辰得夫婦正配之義合成水局

方有結作

東南乙丙行龍係寅午戌火局坐艮寅養癸丑萬水

俱從戌位出水口經云乙丙交而趨戌也解曰甲

以乙嫁於丙乙為婦丙為夫丙火生寅旺午乙木

生午旺寅同庫在戌得夫婦正配夫唱婦隨之義

合成火局方有結作

使作用者須知出脉分水隨龍左右定三合過峽

入首八干理氣方謂通竅若穴場墓前必以向山

淨陰淨陽納水定向為要領

八干生死歌

陽生陰殺陰生陽死陰陽生死堪輿秘旨皆生皆

死不生不死錯亂生死其禍立至出淨生死太羅

仙子

輔尾水法

橫推真看 納甲于支求 水同八卦推

輔武破廉貪巨祿文

乾向　甲仝　　　乾離艮巽坎坤震兌

離向　壬寅戌仝　離乾巽艮坤坎兌震

艮向　丙仝　　　艮巽乾離震兌坤坎

巽向　辛仝　　　巽艮離乾兌震坎坤

坎向　癸申辰仝　坎坤震兌乾離艮巽

坤向　乙仝　　　坤坎兌震離乾巽艮

震向　庚亥未仝　震兌坎坤艮巽乾離

兌向　丁巳丑仝　兌震坤坎巽艮離乾

天盤縫針式

輔武貪巨四水
朝來是陰見
陰陽見陽
合局古

破祿文
廉四水朝
來是陽見陰
陰見陽破局凶

盤天

乙卯甲寅艮丑癸子壬亥乾戊
陰陽陽陰陽陰陽陽陽陰陽

陰

陽

十二白同乃

十二黑點屬

灣鈎塊轉冲射解照八字訣

灣者之玄九曲是也有去有來皆宜吉位雖位凶方
亦無大害經云水到之玄莫問方是也最忌反背

無情

鈎者或去或橫過有砂鈎同曰鈎亦宜吉位凶位亦
有禍福

塊者元辰水去而前砂塊之便住多見發財但屬凶
水亦生凶禍房分之應最忌逆胎反塊不吉

轉者水過去而復轉囘或過去而成旋轉者皆是也
有吉凶房位之應轉而有情多吉少凶最忌背穴

逆胎

冲者來水橫冲其尖是也大冲小冲皆不吉不論方

位之吉凶但以方位驗災過之大小房分之長少

也

射者盂來之水向尖箭射之謂大射小射皆不吉湏

以方位之吉凶分辨禍之大小與房分所屬之應

解者凡高大水來蓋着低小之水曰解有吉水解凶

水者則凶可化吉凶水解吉水者則吉亦成凶或

水高來尖低見亦謂之解湏辨吉凶方位

無消凡池塘坑坎水缸之類常積水而不乾者皆可

照之有吉有凶須要近宅照見方驗如有遷隔不

驗假如水積於戌乾位上照了陽宅則蟻從巽方

生起蓋照從對宮生蟻也百無一失餘倣此

凡宅墓前乾流元衰水最關禍福或陡瀉或沮

出或流入凶位災禍立見術家有法折之以佗

至五行生旺休囚爲主參合楊公七十二龍水

法兼避木星局燥火方陰山放陰水陽山放陽

水自小神流入中神中神流入大神位須從天

干方位放出爲妙總以象吉二十四山所載放

水方道門路爲準

孟白仲
青季在
前午水
長利壬
水仲利
寅水季
利

王氏羅經透解上卷終

來水出口進
堂照穴流來
俱以停立穴
前眼之所見
為主納宮位
過宮水不
必論

羅經序

葢羅經之制體精而用弘字之八玄畫之隱妙甚

中龍割此雌雄交媾之精穴闡太極二五之秘砂窮

生死之奧水微明晴之神辨晰差錯空亡驗曜發

溯來未貴之減別白星辰宿度吉凶定四時動靜

之機而且層次井然觸象於心矣化育嫌洶都絕

緒天地色羅萬象體用兼備而爲天下萬世確乎

不易此也而考么業術坆每之品於羅經屑次逐

一弓狐邊用惢柳思羅經之道危聖莫作狀莫

述濫古仁聖眾人既已彰明朗莊莊蜓之可考過

其用也余用不由體去之必遺也果執一弗用則

往古聖賢甲已筆則筆削則削毋優有此條今列

序共次是何用不由體妄製魚魯乎音恐慕夜晦

冥獨目自瞽乜也余不敢自儒學不逮得師口訣

歸習堪輿三十餘年雖不純洩玄黃之精蘊瘡地

眺之神機割鬼神之妙用察禍福之隱微而挺踁

折衰頒識竅頂五吉凶而兩刻更娩審龍脉前

胎瓷伏而外剋如神察生死之砂之善遺理究明

曙之眹人盡神機又閱十餘年承

恩僭咨陰陽學日布兢之憲礙維稱後於形書圖挽

見白方寸詩辭與羣彥已臻未發之蘊苦心玩索

猶恐僞証狐疑由是窮嶺大川朝夕摘梓山靈穿

芒鞋暴霜霓羆頓夫麓棘經肆崖以及名墓卿塚

偹細考驗百奇一失因此洗心潛玩將古聖先賢

羣彥錄載羅經隱徵層次一一醒解煉成一帙名

羅經透解以公天下庶使不政一羍毋誤悮戕

有體有用而仙機派芳柊玏不墜耳

　　白方寸詩

傚稽山水謬羅經方寸寧知有監臨氣脉杳無靇

去遠昱辰室揖蟻水侵黄泉黷黷毓育骨紅日略

羅經透解　卷一

朗郎黑心若肉饑寒行盜術最怜損德禍猶深

朱夫子云有天曜必有地理有心地必有陰地又

云未壁山頭地先看屋下人屍下人參福山頭地

不闢大地豈待福人來

山川有靈而葬主屍帛有主而無靈死是時師眼

不靈

　昔

道先三年歲次癸未蒲月娴目太原四合紫陰學

訓術王道亨題於自遍山房

　序

序

夫羅經者可以契鬼神之妙可以會蓍龜之靈然人
非三世莫能造其玄。心非七竅莫能悟其奧故得道
者宜秘非其人者莫傳造之深。可以入道用之火阿
通神今時有一等庸術不使羅經者術不解其說遠觀
先賢制之與人造福不使羅經者真是謬言亞世
山之形勢星體歪斜砂飛水走惡石巉岩。孤露帶煞
四顧無情不必以羅經審察真無地者言也。　先聖
云卦為宗廟惧人多無龍無穴代如何認尔裝成千
般卦空閒無地落傾波。正此謂也苦定真龍真穴體

正方圓三吉六秀之地不使羅經者迷其東南西北

二十四山方位何定穿山透地之法何所依據則地

吉葬凶眞是豪忽之差禍福千里。斯俗愚人可笑可

嘆故作用者奪神功於莫測惟深實道者能言之。

易卦湊合戍胎龍穴砂水認君裁登山不裝諸般卦

縱有福人地難開考証先賢起例三十六盤層次作

用乘氣定穴。收放消納趨吉避凶全憑羅經之功余

編威羅經透解一書願與海內君子同志共相參而

三爾　　訶包羅萬象惟秘吉叅透玄機異味深昔得

斯道幾觀苦。千萬不可傳匪人　　四合堂著

羅經者蓋取包萬象經緯天地之義測天地之靈秘

符造化之妙用測天之用乃測山川生成之純駁以

辨其地之貴賤大小者也正集所具乘氣立向消砂

納水趨吉而避凶之妙用矣净陰净陽之位雖從後

天而陰陽之原寔從先天之理凡學盤者所必知也

其圓盤次序乾純陽而為天故居南土坤純陰而為

地故居北下離內陰外陽日與火之象也居東坎內

陽外陰月與水之象也居西兌一陰加二陽之上陰

不能下故聚而為澤東南者大澤也艮一陽加二陰

之上陽不能下故峙而為山西北者山祖也震一陽

奪於二陰之下雷象也雷起於春故震居東北巽一

陰動於二陽之下風象也風急於秋故巽居西南雉

然此亦後人之解也若　伏羲畫卦之初從一陽一

陰兩畫疊成八卦之橫圖曲之以即成圓圖焉畫卦

之始故曰無極而太極畫く從右起始先右畫一陽

儀次左畫二陰儀陽儀之上再加一陽一陰而成老

陽少陰陰者陽育陰也陰儀之上加一陰一陽而成

老陰少陽少陽者陰育陽也再於老陽之上加一陽

而成乾加一陰而成兌少陰之上加一陽而成離加

一陰而成艮老陰之上加一陰而成坤加一陽而成

震少陽之上加一陰而成坎加一陽而成巽三才立

而卦象成矣淨陰淨陽者二十四山之第一作用者

也其原從先天八卦配洛書九宮之數而出乾南得

書之九坤此得書之二離東得書之三坎西得書之

七其數奇故四卦為陽所納之干支從之為陽也艮

西北得書之八震東此得書之四兌東南得書之

巽西南得書之二其數偶故四卦為陰所納干支亦

從陰也淨陰淨陽乃先天之卦氣而方位則用後天

焉先天為體後天為用也先賢貴陰者以四陽居四

正其氣正正而剛剛多則凶且上下二爻純陰純陽九

六不冲和也四陰居四隅其氣偏而柔柔多則吉曰
上下二爻一陰一陽有九六冲和之義也洛書縱橫
十六個十五數共合二百四十分每山十分頂足故
曰三七二八分金之源也

新訂王氏羅經透解二卷

蜀東定邑陰陽學王道亨男子芳姪子鑑仝訂

定邑

　槐　王方伯屏藩氏校訂

　庭　王方桂屏封氏泰閱

堪輿

　國學王紹之　　王太明　王方策

　庠生虞際唐　　舒光泰　沈再儒

　國學劉先正　　舒光瑞　舒光洲

同閱

　滕承勳　　藍元壽　舒宏真

　候三元　　陳萬金　沈通達

　蔣仕昊　　高六也　田天聰

校正

譚廷仕　張大器　楊昌新

刘代武　刘代書　王慶有　黃

夫地理之道陰陽原自有準禍福亦不差移昔

帝造曆書以定歲月命大撓作甲子以配納音七玫

齊平虞舜八卦兆自　伏羲指南定方隅之位河洛

洩天地之竒地脉鍾山川之秀佳期奪日月之精色

羅萬象道合乾坤　古聖先賢毫無根出惟真龍確穴

而應將相無種詬地而生地理一貫可知人間禍福

真義精而理徵原錄諸書以昭明于同學焉也矣

鳳山書齋藏板

第十九層秘授正針二百四十分數

蓋二百四十分數其義出於洛書化回象縱橫十六

個十五數洛書戴九履一、左三右七。二四為肩六八

為足五居其中化為回象回象化一百二十分、太陽

居一而連九四九三十六數。太陰居四而連六、四六

二十四數共成六十八。少陽居三而連七、四七二十

八少陰居二而連八、四八三十二共成六十分、湊成

一百二十分為分金之源、兩邊共合二百四十分金

縱橫十六個十五數合成二百四十數。每二十四山。每

山皆得十分。洛書一九合十、二八合十、三七合十、四

六合十。比分數見於二十四位以作綱領也。再泰一
百二十分金。每分金管二分。合之平分六十龍共合
二百四十分。爲數之節目也。用此法以論龍如甲子
透地則本龍得囘分之數居中爲主。左右添足三分
兩個三兼四湊成十分之數却得七分在壬。三分在
亥。所以甲子透地爲七壬三亥此法坐穴。如子山午
向丙子分金則本位分金得二分之數爲主。左右各
添足囘分。兩個四兼二。湊成十分之數却得八分在
子。二分在壬。如前子山架丙子分金爲八子而兼一
壬餘放此。三七二八之數唯盈縮六十透地及七十

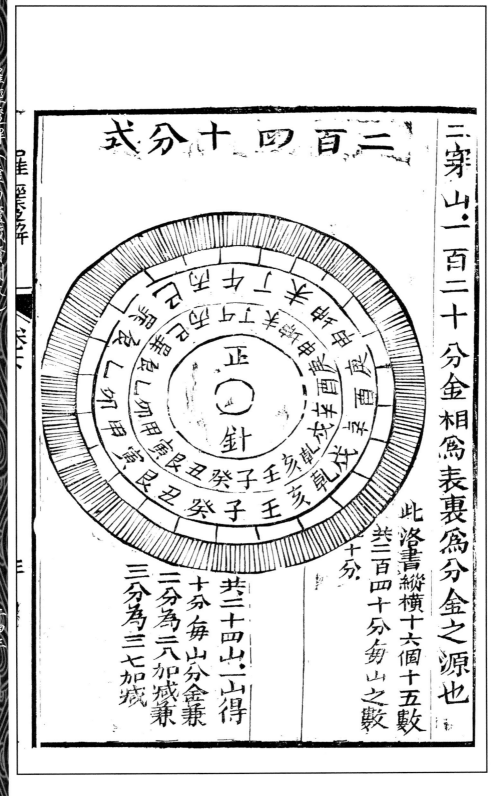

二百四十分式

二穿山二百二十分金相為表裏為分金之源也

此洛書縱橫十六個十五數
共三百四十分每山之數
十分

共三十四山二山得
十分每山分金兼
二分為二爻加減兼
三分為三七加減

正〇針

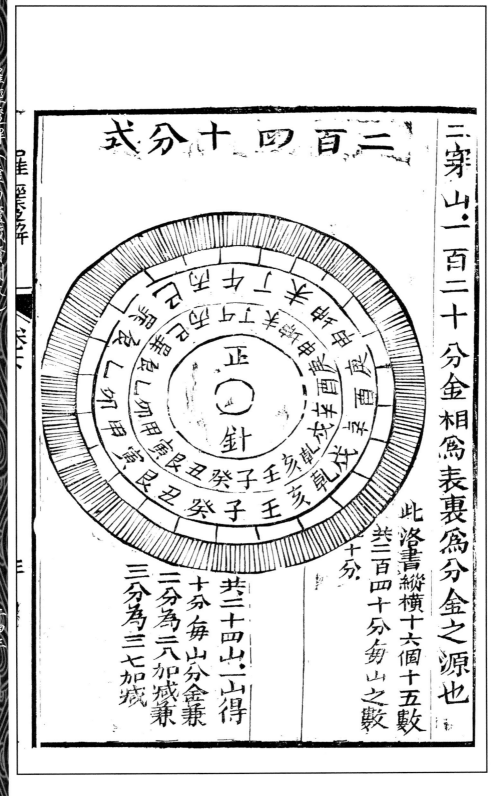

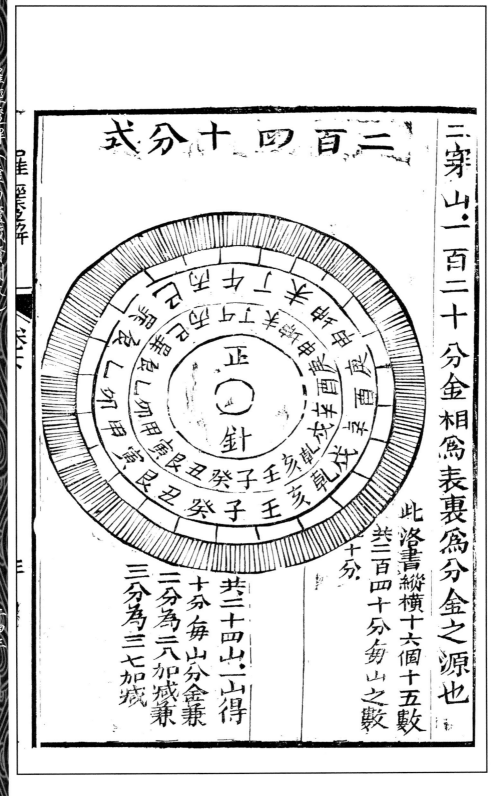

第二十層分金合內地盤爲二八加減

分金之說先聖言之詳矣先將子午定山崗却把中
針來較量更加三七與二八莫與時師道短長內盤
二十四山名曰正針又名地盤內盤布按八方定位
應歲月節候較外盤子午之位乃先內盤子午半位
曰天盤曰縫針又名從針此天氣當從左轉而此盤
之法因天氣當先前半月然後地物始應故天盤之
子率地盤之子前半位應天道運行之變爲加減之
用所以洛書縱橫十六個十五數共得二百四十分
知子午縫中每邊一百二十分金專用作穴定向每

亥分金有五吉凶不一如亥山一宮有乙亥丁亥巳

亥辛亥癸亥之別內盤丁亥分金為二八外盤庚戌

分金為三七是亥山兼壬二分乃辛亥分金為二八之

說在此為用所謂兼加之法也取丙丁庚若為旺相

謂分金合得七十二龍穿山卦值九六冲和為得卦

之法也每支之下有五個分金獨取丙丁為旺庚辛

為相避甲乙為孤壬癸為虛戊巳為煞曜正針分金

不合泰合縫針為三七加減之用若配卦一端則以

六十四卦中除去坎離震兌四正為陰陽對待名五

行沐浴敗地坐向所忌將六十卦分配六十甲子以

頤孚復屯謙爲序重之爲一百二十分金之卦查其

卦之飛伏以備選擇乘氣二者之用況三七二八其

說乃四少之數陰陽生長之機四少者三七爲少陽

二八爲少陰陽位七爲少陽數二爲少陰位

八爲少陰數如子山午向兼癸丁三分在內地盤庚

子庚午分金爲二八加減外挨天盤子山午向兼壬

丙三分丙子丙午分金爲三七加減丙丁庚辛俱爲

生旺之氣上下孤虛龜甲不得相浸至於架線必於

三七二八之間內外兩盤兼秦作用縫針一百二十

分金爲偏正不使稍犯羞錯空亡孤虛龜甲其用最

神煞之一百二十分金中間空亡二十四分避亀甲

空亡二十四分爲鬼煞二十四分僅得旺相三十六

分金卦兩全十二分取丙丁旺庚辛相共四十八分

爲吉穴避甲乙爲孤壬癸爲虛戊巳爲煞曜共七十

二分爲凶穴其用總取三七二八分金作用

○分金穴刹煞歌

七命屬金須忌火火命尤忌水相閱木命逢金君

更忌水命逢土不自安土遇水音景可畏犯之災

禍實難當逢生生處須堪取受尅分金炎終纏

內盤分金式

此為二八加減

此二層分金在
先天十二支中
取義每支有
五避去孤虛
煞曜宅亡不
錄上載旺相
二宮

第二十一層合外天盤分金爲三七加減

二十四山兼加乘氣架線分金以上毫不可陰陽差

錯先聖云亥無鱗用用心安言亥龍入首左壬右乾

不可侵犯宜乘本龍真氣八穴於亥之正中坐穿山巳

亥爲戊巳然曜宜偏一線乘右丁亥氣或偏左一線

辛亥氣若兼左之癸亥一分是壬龍之步位溏亥龍

取論也兼右邊乙亥雖在乾之步位乾卑位近亥乾

亥共一家故催官篇云天皇氣射天癪星徵挨离獸

加壬行天皇亥也天癪壬也言右落亥龍扦乾山吳

向左耳乘氣在亥三分壬氣不得侵棺爲隔山取氣

法也

外　盤　分　金　式

此爲三七加減

內盤尅命用外盤
盤尅命用內盤

第二十二層定差錯空亡

夫孤虛煞曜差錯空亡共一百二十甲子分金內有

四十八位為旺相又有七十二個為孤虛煞曜毫髮

不可犯用凡架線最宜細心力達之

凡察龍氣坐穴加減之用其間並明暗溝頭撞命

煞星曜黃泉蟠行佈氣推本山祿馬貴人到山挨

加三七二八相同於內盤若尅命尅龍尅穴以外

盤三七為用

分金孤虛旺相煞曜式

第二十三層分金為地元歸藏配分金為外卦

地元歸藏分金即先天坤之元氣屬右行坤為地故

曰地元帝出乎震震主動動即氣也氣即是乾天一

陽生氣乾交於坤合成地雷復五陰爻坤土在上一

陽爻乾金在下謂之重土埋金易曰坤以藏之萬物

土中生土而入金為戊巳土之子孫戊巳專分方非

土之主能分派金子故為之分金一陽生於子月至

巳月六陽則乾之體備陽爲春夏長養之用極矣然

陽極則陰生而繼之天風姤陰生於午月至亥月六

陰則坤之體備陰爲秋冬蕭殺之氣巳極矣陰極則

陽生而繼之以復乾。以六陽交感亥之六陰則萬物
之始於壬乾坤為八卦之祖而戊巳為五行之宗故
十一月冬至一陽於子乃地雷復為坤逢雷地現天
根以配戊子龍二陽生於丑為地澤臨以配已丑龍
三陽生於寅為地天泰以配戊寅龍四陽生於卯為
雷天大壯以配巳卯龍五陽生於辰為澤天夬以配
戊辰龍六陽生於巳為乾為天以配巳巳龍則六陽
純全而為陽氣闢萬物生於春而長於夏也至五月
中氣夏至一陰生於午乃天風姤為乾遇巽時為月
窟以配戊午龍坤之六陰遇乾之六陽天地交泰自

然品物咸亨彰明五月間也二陰生於未爲天山遯
以配己未龍三陰生於申爲天地否以配戊申龍四
陰生於酉爲風地觀以配己酉龍五陰生於戌爲山
地剝以配戊戌龍六陰生於亥爲坤爲地以配己亥
龍則六陰純全而爲陰氣闢萬物所以成終也蓋陰
陽之氣始於春而成於冬故地元歸藏以配分金之
源先從戊配子皆以戊己輪配總之乾坤壬理不然
元天八卦造化大權不離戊己所以五行妙用皆攝
花甲之要八卦五行岐而爲二矣先賢以六十卦配
六十花甲統於戊己其法備而大要明矣聖人去得

金不得卦，謾自空談話，得卦不得金，空自苦勞，必如一百二十分金，取得旺相為得金，先天卦遇九六冲，合為得卦，必金卦兩得，斯為盡善盡美，且星卦有大十四卦，除去坎離震兌四正卦，以應春夏秋冬一卦，六爻四六二十四爻管二十四氣，以上六十卦，一月七十二候之氣在年管年，在月管月，在日司日，在山管山，至於作用，則有二法與我朝五卦一卦管六日，六該管三百六十日，以應一年憲曆不離羅經者也，比一年即太極也，冬至夏至即兩儀也，春夏秋冬回象也，八節即八卦也，二十四

欽天監造時

氣

即二十四山也。七十二矦為七十二龍也。五運為五

行即金木水火土也。六氣為六十龍透地也。三百六

十五日為周天三百六十五度也。丟歲三百六夜。對今

春三十天為一年。去年冬至對今年冬至為一歲也

凡業術理。龍穴砂水。未有含此三十六層與人造福

宜細玩之。

分金地元歸藏卦式

（羅盤圖：二十四山分金地元歸藏卦式，外圈自下列方位 甲 卯 乙 辰 巽 巳 丙 午 丁 未 坤 申 庚 酉 辛 戌 乾 亥 壬 子 癸 丑 艮 寅，各配六十四卦分金）

復　屯　頤　豫　謙　升　臨
戊子　丙子　甲子　壬子　庚子　戊子
己丑　辛丑

此盤從合地元歸藏而
出分金為外卦殷得地統
易以坤為首坤為地萬
物藏於乎中也

第二十四層納音五行

葢納音之義從十天干十二地支陰陽卦二相配而成

六十其中列五行則本卦納甲而取除乾坤二卦

不用其餘震兌艮巽坎離諸卦各以納音之支合卦

下所納之支而納音之干數之至本卦納氣之干記

其得數九木七金五水三火一土如甲子納音金其

法納音子合震卦所納之子以納音之甲放至震卦

此納庚得七數為金故甲子所以屬金而曰海中金

者以子乃水之旺而與丑土相依子為湖海之象而

金孕育丑土之中故名海中金而九木七金五水三

火二土之數又是一說如乾兌二卦屬金二卦七畫

故七數為金震巽二卦屬木共九畫屬木坎水卦共

五畫為水離卦四畫火氣憂其太盛洩一生土用其

三為大艮坤二卦屬土共十一畫然後五行生成之

數只足於十而無十一之數除去十數只用一數所

以一土亦從八卦納甲其義最精其用至廣均與透

地穿山論龍立穴分金禽獸取生尅用制化以辨吉

凶或用之消納砂水並陰陽尅擇合先天平分六十

分金論本音稽其宮位生尅旺相休囚何如丙子水

音分在子宮比和為旺戊子火音子宮受尅為囚合

之坐穴論消納•如丙子水音坐穴宜未申亥子養生

穴旺之方合之二十四山•一百二十分金取論官與

音生旺相休囚之別亦與前先天六十分金取用之

法則同合之透地主龍如丙子水音龍不宜坐土穴•

分金亦不宜坐土度受尅之類宜水音氣坐穴•分金禽

度比和金氣生我俱爲上吉或我火氣爲財鄉•合之

管局禽星以論生尅•如透地丙子水龍室火猪管局

禽星受尅•已甚更不宜坐水度以重傷之類•如用之

選擇遁墓運生尅如子山水氣逢甲已年變戊及木

運忌金年月日時爲尅山之類如用蓮命甲申水音

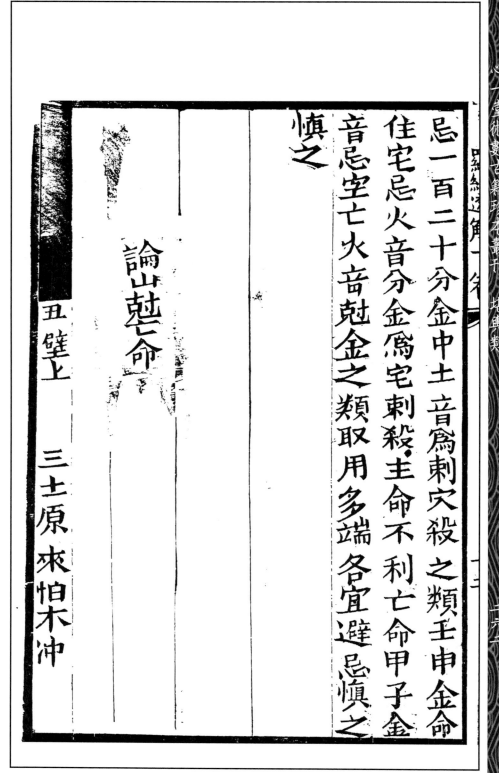

忌一百二十分金中土音爲剋宍殺之類壬申金命

住宅忌火音分金爲宅剋殺主命不利亡命甲子金

音忌空亡火音剋金之類取用多端各宜避忌慎之

慎之

論出剋命

丑壁上　　三土原來怕木冲

生尅制化歌

殊有三般不怕木　　　一生清貴步蟾宮

沙中劍鋒兩般金　　　若居霎上便相侵

外有四金湏忌火　　　斂沙無火不成形

水見天河大海流　　　二者不怕土為仇

外有數般湏忌土　　　一生衣禄必難求

松栢楊柳桑柘木　　　石榴大林忌金刀

惟有坦然平地木　　　無金不得上青雲

覆灯爐火共山頭　　　三者原來怕水流

外有三般不怕水　　　一生衣禄近王侯

納音五行歌

甲子乙丑　海中金
戊戌己亥　平地木
壬寅癸卯　金箔金
丙午丁未　天河水
庚戌辛亥　釵釧金
甲寅乙卯　大溪水
戊午己未　天上火
壬戌癸亥　大海水

丙寅丁卯　爐中火
庚子辛丑　壁上土
甲辰乙巳　覆燈火
戊申己酉　大驛土
壬子癸丑　桑柘木
丙辰丁巳　沙中土
庚申辛酉　石榴木

納音五行式

正地
正針

納音從先天八卦除

乾坤大父母不數

凡天干值子午丑未

在震巽二卦推論

酉卯寅申在離坎

二卦推論辰戌巳

亥在艮兌二卦推

論

第二十五層十二宮分野

世人但知食祿有方，不知亦為風水所致。假如一地
或龍身星峯聳秀，砂水清奇，查其宮位係何方便知
食祿獲利歸何地。如艮宮則為鄭分兗州地為官定
食此州之祿，此砂水應驗毫釐不爽。且十二宮分野
各有所屬古今州郡異名。昔之國郡今改各省府州
故分野不同當考　大清一統誌可知

十二宮分野二十八宿歌訣

角亢氐半辰屬鄭宋房心卯宮遊尾火箕水燕寅
斗牛金斗木丑吳流女虛危當齊子地室壁須知亥

衞牧奎婁兩宿纏魯戌胃昴畢趙酉宮求觜參申位

爲晉界排來井鬼未秦州柳星張半周分午楚地翌

軫巳蛇頭

唯子午夘酉四正之宮得三宿餘宮得二宿而星

房虛昴四口宿謂之中星

十二宮分野州府定位

蓋龍之大幹皆發於崑崙上方下圓圍一萬二千

七百里脉出八方分四大郡州乹坤坎離兑五龍入

外國東勝神州西牛賀州北俱盧州唯艮震巽三龍

入中國乃南贍部州名三大幹龍黃河居震艮之中

黃河之左山西北直山東山西半河南皆艮龍之脉

甘肅四川陝西長安湖廣兩江洛陽開封皆震龍之

脉雲南貴州福建廣東廣西江西皆巽龍之脉此三

大幹龍也以十二宮分屬州府則子宮古齊分青州

在山東丑古吳越分楊州在浙江江西福建廣東寅

古燕分幽州在北京卯古宋分豫州在河南大梁東

京辰古鄭分兗州在魯地山東巳古楚分荊州在廣

西湖廣午古周分三河在河南洛陽湖廣未古秦分

雍州在陝西河南申古梁晉益州在四川貴州貴陽

酉古韓趙分冀州在北京山西西京戍古魯分徐州

宋地河南亥古魏衛分并州在北京及河南朝歌

州府分屬

京師分盛京幽州順天府

浙江楊州杭州府　河南豫州開封府　南京金陵分安徽應天府

福建閩越福州府　湖廣分湖南荊州武昌府　江西楊州南昌府

廣州府　廣西聶桂林府　山東青州濟南府　廣東聶

西慣州太原府　陝西分甘肅雍州西安府　四川梁州城都

府　雲南梁州雲南府　貴州國貴陽府　羅施鬼國

崑崙山　須彌山　終南山　天臺山

回大名山

天下五嶽

東嶽泰山　在山東濟南府泰安州

西嶽華山　在陝西西安府華陰縣

北嶽恒山　在山西大同府渾源縣

中嶽嵩山　在河南河南府登封縣

南嶽衡山　在湖廣衡州府衡山縣

天下五湖

饒州之鄱陽　在江西南康府

嶽州之青草　在湖廣岳州府

潤州之丹陽　在江南鎮江府

鄂州之洞庭　在湖廣岳州府

蘇州之太湖　在江南

八卦分野歌

一坎冀州山西道　二坤湖廣是荊州　三震山西山東界

巽徐州是南州五　中豫州河南地六　連乾上陝

西城七兌梁州雲南界八　艮山東孔聖門九離江西
連福建九州八卦定乾坤　南贍部州中華地五嶽五
湖其中分

式野分宮二録

十外三十六
二洞天七十
二佛地未
錄

第二十六層二十八宿纏分野度

計其分度角十二度亢九度氐十五度房五度尾十

八度箕十一度斗二十六度牛八度女十二度虛十

度危十七度室十六度壁九度奎十六度婁十二

胃十四度昴十一度畢十六度觜二度參九度井三

十二度鬼四度柳十五度星七度張十八度翼十八

度軫十七度已上分野僅於十二宮上安二十八宿

度數

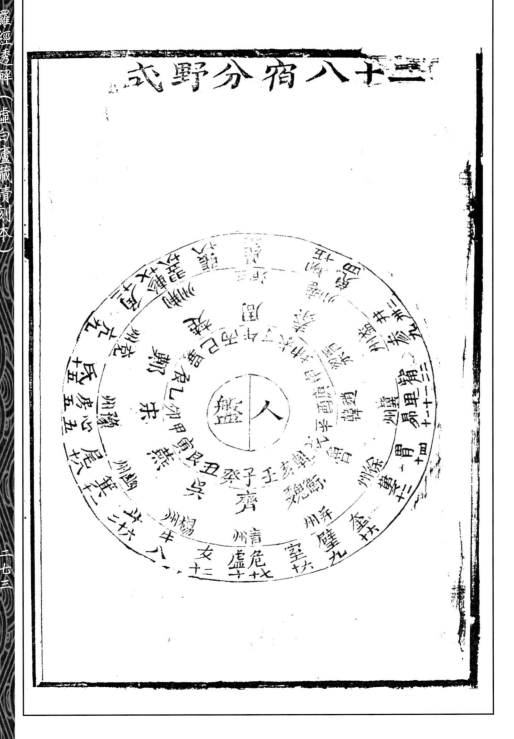

第二十七層逐月節氣太陽過宮

太陽為諸星之首衆煞之君象懸於天光照於地選

擇查其到某山某向分金其度之下諸煞咸服但不窮

人造福用法有四如太陽到臨壬未將照亥謂之迎

其將來為正照也到亥對照在巳謂之從向對坐為

之對照也親臨本山之下謂之親照也亥卯未寅午

戌申子辰巳酉丑三方吊合謂之吊照也大陽到亥

則壬乾二山謂之隔照也凡論過宮只論中氣不論

前節如正月十二兩水日纏娵訾之次月將則屬登

明太陽方到亥宮又分位先十五日在亥次十五日

敬鳥驚蟄到乾太陽行度只有十二位而羅經中有二

十四向所以用賴公中針入盤亥壬同宮戌乾同宮

是每分度之多豪子宮自女八至危十五共二十九

度為亥枵之次亥宮自危十六至奎四共三十二度

為娵訾之次戌宮自奎五至胃六共三十二度為降

婁之次酉宮自胃七畢十一共三十二度為大梁之

次申宮自畢十二至井十五共三十度為實沈之次

未宮自井十六至柳八共二十七度為鶉首之次午

宮自柳九至張十六共十八度為鶉火之次巳宮自

張十七至軫十一共三十三度為鶉尾之次辰宮自

軫十二至氐四共三十三度爲壽星之次卯宮自氐

五至尾九共三十二度爲大火之次寅宮自尾十至

斗十一共二十九度爲折木之次丑宮自斗十二至

文七共二十七度爲星紀之次今按古時曆度數天　朝時曆纏舍方爲準

道八十年一小變敬考我

的太陽到山論一年月日時選擇之用也每取四大

吉時爲神藏煞滅正四七十月宜用甲庚丙壬時二

五八十一月宜用乾坤艮巽時三六九十二月宜用

乙辛丁癸時爲貴人登天門然一日之用何謂登天

門博諸通書內載陰陽貴人登天門以登明月將在

亥亥與乹同宮乹爲天門正月登明將在亥二月河
魁將在戌一月一位右旋一周天只用四維乹坤艮
吳時八干甲庚丙壬乙辛丁癸時謂之四大吉時四
刻之位凡取貴人必尊太陽過宮到位方爲有力太
陽爲君諸吉神爲臣用此回刻得太陽諸吉聚臨居
臣慶會故爲貴人登敨到八干四維乃太陽宮舍郎
爲天門也而七十二瞬內干維十二位謂之宮舍如
行臨宮舍之類太陽月將降臨如衆日巡到施德佈
威凶惡皆避凡四大吉時每年地支三合諸煞遇此
時刻皆没凡取天干時者如子時上四刻亥未正三

正四郎壬初一初二刻爲四大吉時此一時餘類
皆同總之凡取時宜看每年時曆某日某時纏舍過
宮爲用毫不差矣取太陽到山則一月之用月將臨
日取時則一日之吉臨時余考羅經載有五層一層
先錄二十四氣二層內載登明十二將三層內載取
辈十二神纏舍回層中則有亥宮初起爲娵訾十二
宮舍宮舍者如太陽月將過宮太陽者人君之象月
將十二星次若羣臣輔君則一月中氣移宮宮舍者
如舘驛安居君臣之舍也此層亦不可少取用五層
力用二十八宿遇宮則如某日某刻大陽臨宮纏次

考古來　羅經未錄言則天道未有不改之曆查其時
慢曆之度數則有差移時師覽時憲曆可知然二十
四氣太陽到山纏度總以中節為定雨水至春分又
恭考古今曆數不同天時隨時損益並考統天開喜
會元時授四曆四變不同因天道八十年一小變知
邵子之差洪以冬至之子為曆元古載牛宿二度守
神宗時載牛宿七度　　大清初時載箕宿六度今
時冬至　太陽過宮載箕宿三度半查太陽到山羅經
上西理應載五層余只錄四層前言天道隨時而變
故末錄二十八宿一層請看每年曆書便知某日某

時太陽纏舍過宮以便爲用

蓋太陽者星中之天子爲萬宿之祖諸煞之宗天

無日則萬古長夜月星諸宿無日其體何光用者

必查象吉通書曆數太陽正刻分金趨神接氣纏

度合二十四氣每節氣到山管十五日如交冬至

日係箕宿四度起到戊寅山箕八度止中五日交

斗宿一度到丙寅山後五日斗六度至十度到正

艮山正宜此山造葬諸煞潛藏福自久矣業術者

須詳規象吉曆數太陽到山方爲準的正合每年

七十二朓作用

每日定曉總論

日未出地二刻半而地上明即曉昏時日入地二刻
半而地明即黃昏故晝常多夜丑刻夜常少晝五刻
說見前天文誌世人但知以昏明為晝夜不知日在
已明後日入在未昏之門也

每日定論時上下四刻分數

日有百刻配十二時之數普天行之同晝夜百刻每
時得八刻十時得八十刻又二時得十六刻總九十
六刻所餘者四刻每刻分為六十分四刻該二百四
十分布之十二時每時得八刻二十分故有初初刻

者一十分正初者一十分一時有五百分初初十分

初二刻至初四刻各六十分共二百五十分謂之上

回刻亦二百五十分謂之下四刻也一西洋曆一時

八刻一刻十五分一時一百二十分十二時為一日

共成一千四百四十分

每歲巳三百六十五日零三時五刻二十分二十四

氣一氣有十五日零三時五刻一十分四時春夏秋

冬各分九十一日二時六刻躬也土分於四時各

旺一十八日三時二刻二十分強也共成七十三日

零四刻四十分有奇

太陽行度過宮歌

立春太陽子上行雨水驚蟄壬亥尋春分清明乾戌

上谷雨立夏酉辛臨小滿芒種庚申定夏至小暑坤

末分支暑觅丁未吳壬宮定內上得根因白露挑來

歸巳關寒露秋分在吳辰霜降立冬臨乙卯大雪甲

中冬至寅小寒丑宮大寒癸二十四氣定其真

太陽到山二十四氣式

日為陽精照臨於晝月
為陰魄光明於夜五
星列宿懸象於天輝
煌燦爛布列森羅配
平日月故曰三光
易之輕清上浮而為天
陰之重濁下凝而為地
然後有萬物人生其
間為万物之林故曰
三才

如太陽未到山時僅供每
月日中四大吉時為貴人
登天門謂之四煞藏没
造葬俱吉

第二十八層亥建起正月登明十二將

壬亥娵訾登明將乾戌降婁河魁向辛酉大梁是從

魁庚申實沈傳送上坤未鶉首月小吉丁午鶉火大勝

光治丙巳鶉尾太乙神巽辰壽星天罡職乙列大大

佰太冲甲寅折木功曹宮艮五星紀屬大吉子癸亥

栮神后同

定太道出没歌訣

正九出巳入庚方二八出兎入雞場三七出甲入

辛地四六生寅入戌方五月生艮居乾上仲冬出

巽人坤方唯有十與十二月出辰入申細推詳

心一堂術數古籍珍本叢刊　堪輿類

登明十二將式

定太陰出沒歌訣

三辰五巳八午升初十出未十三申十五酉時
十八戌二十亥上記其辰二十三日子時出二
十六日丑時行二十八日寅時出三十加亥卯

上輪

此為十二將次每月一
位迎太陽過宮內堯
天十二支

第二十九骨胄豈十二神纏舍過度

夫日者陰中之陽也其德至剛其體至徤一年一週
天而任天為不及一度一歲之積恰與天會故日有
三道北至東井去極近南至牽牛去極遠東至角西
至婁去極中東道南道北道為三也蓋極至於牽牛
則為冬至極之北於冬井則為夏至南北極中則為
春秋分其行西陸謂之春行南陸謂之夏行東陸謂
之秋行北陸謂之冬故所以成陰陽寒暑之節也月
者陽中之陰也其德至柔其體至順其行天所以恒
理太陽驗之夜影以為消息月本無光麗日而有明

以不明之體言之則純陰其行天之度一月一週天

與日會於浪次之所以為一歲十二會得三百五十

四日九百四十分日之三百四十八分而與天會是

為一歲也故月九道黑道二冬至出黃道北赤道二夏至

出黃道南白道二立秋出黃道西青道二春分出黃道東

弄黃道共為九道也故立春分從青道分在甲度

立秋秋分從白道分在庚度立冬冬至從黑道分在

壬度立夏夏至從赤道分在丙度其日月會合之辰

三合所照之方故為天德月德之星也

欲識太陰行度時　　正月初一起於危

羅經透解

一日常行十三度　五日西宮次第推

二奎三胃四從畢　五星井六柳張七

八月翌宿以為初　龍角季秋任遊立

十月房宿作元辰　十一箕上細尋覓

十二牛女切須知　周天之度無善惡

二十四星為十二神將以運北斗

葢十二宮舍用昏建者杓夜半建者衡平旦建者魁

春夏秋冬運斗極第一天樞第二璇第三璣第四權

第五衡六第開陽第七搖光第一與四為魁第五至第

十六

七爲杓合而爲斗如正月初昏則用斗杓指寅夜半
斗衡指寅平旦斗魁指寅其日月所會之宮謂之月
將逆行十二宮娵訾亥降婁戌大梁酉實沈申鶉首
未鶉火午鶉尾巳壽星辰大火卯析木寅星紀丑玄
枵子是也月建順行十二宮寅曰功曹卯曰太衝辰
曰天罡巳曰太乙午曰勝光未曰小吉申曰傳送酉
曰從魁亥曰登明子曰神后丑曰大吉月建運天道
左旋爲天關月將禀地道 右轉爲地軸

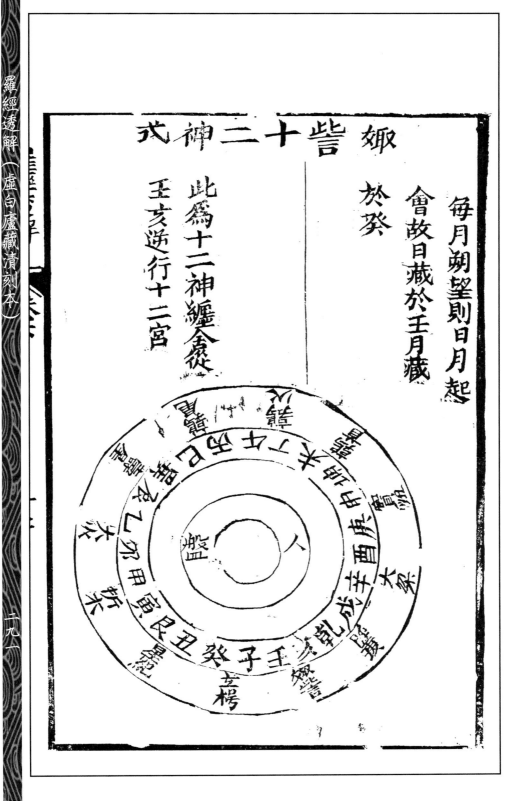

煞 皆十二神式

每月朔望則日月起

會故日藏於壬月藏

於癸

此為十二神纏金從

壬亥逆行十二宮

第三十層十二宮舍謂之館驛與天帝天將合

符交會泰論　　天將即太陽也天帝即朝　也

天帝順行十二月布四時之令天將逆行三百六十

五度宣八節之功大寒天帝司丑天將司子交會於

子之間萬物成始成終易曰成言乎艮雨水天帝

司寅天將按亥交符五寅輔艮東北之位也春

分天帝司卯天將按戌交符甲乙符震正春之

令也萬物發生易曰帝出乎震谷雨天帝司辰天將

按酉交會萬物潔齊易曰齊乎巽小滿天帝司

已天將按申已申交符辰已輔巽東南之位也夏至

天帝司午天將按未午交符丙丁輔離正夏之翁
萬物皆戔易曰相見乎離大暑天帝司未天將按午
未午交符萬物致養易曰致役乎坤處暑天帝司申
天將按巳申巳交符申未輔坤西南之位也秋分天
帝司酉天將按辰酉辰交符庚辛輔兌正秋之令萬
物說成易曰說言乎兌霜降天帝司戌天將按卯戌
卯交符陰陽相薄易曰戰乎乾小雪天帝司亥天將
按寅亥寅交符戌亥輔乾西北之位也冬至天帝回
歸北極子垣天將復命告功丑所壬癸輔坎正冬之
令也萬物歸藏易曰勞乎坎觀此可見萬物造化隨

帝將以出入四六陰陽隨帝將而升降所關甚大所
行甚顯如 良臣赤心以輔國聖王生道以治民理必
確然發先聖之定論啟求學之堦梯帝將之惠不亦
厚平　天將天帝合于子丑之　界八會千午未之間

太陽十二宮舍式

此為十二宮每月行
一宮

此為十二神將所居之

金太陽每月行一宮

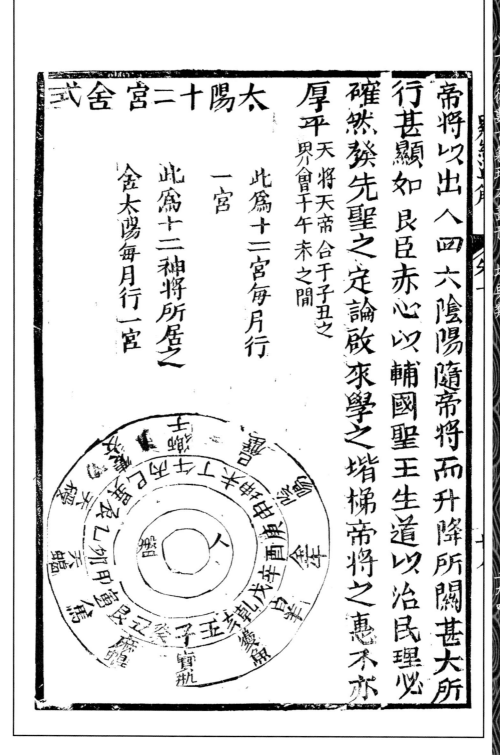

第三十一層二十四位天星應三垣局

世人愛把九星論說盡貪狼武曲尊常將兩字銷龍

脈莫把天星亂指空夫九星者令邑祿文廉武破輔

弼二十四山取配以應三垣屬陰陽龍之貴賤理龍

前巳詳明爲坐山二十四位天星垣居令詳列一山

則在一位易曰夫垂象見吉凶在天成象在地成形

故天星下映二十四位砂有美惡地有吉凶所謂天

光下臨地德上載知天皇上映紫微垣艮應天市垣

異應太微垣兌應少微垣此四垣爲天星之最貴者

天貴映丙天乙映辛南極映丁合艮異兌僑六秀又

天屏映巳爲紫微垣之对宮稱帝都明堂故亥巳合

六秀又稱八貴立居正南爲天地之中故吉唯紫微

天市太微少微爲天星之四貴然四垣中唯紫微天

市太微三垣有帝座是以立國建都必須合此三垣

爲妙少微垣無帝座則建國女都不取以上諸星爲

下也昔頼公云凡二十四龍峀有六秀何以言之以

乾卦上爻一变則爲艮卦爲六秀也夫哉乾元萬物

資始乾爲八卦之首甲爲天千之首以坤卦上爻一

变則爲艮卦以爲六秀也至哉坤元萬物資生坤納

七故坤亦應六秀立卦上爻一変爲震稱爲三吉坎

卦上爻一變為巽卦為六秀也所以離納壬寅戌坎

納癸申辰皆有六秀兵要山高砂明圓秀二十四位

中皆出大富大貴之地俱出頂元二十四天星位次

天皇亥天輔壬天壘子陰光癸天厨丑天市艮天培

寅陰璣甲天命卯天官乙天罡辰大乙巽天屏巳太

微丙陽權午南極丁天常未天鉞坤天關申天漢庚

少微兌天乙辛天魁戌天漑乾為之九星分為二十

四位天星以應垣局則知某山天星在某宮某垣局

含位分野宮一路相連而知天星之妙矣

　按天文誌中天比極紫微垣天皇之宸極太乙之

常居也北極五星正臨亥地為天帝之最尊所以南

面而治者也三光迭運極星不移孔子所謂北辰居

其所而眾星拱之是也後有四輔四星居壬勾陳六

星居乾无罡八星居戊華蓋九星居坎閣道五星居

癸咸池五星居丑八穀八星居艮天將破軍四星居寅

內陛六星居甲司命六貴人在裏三師三星在乢又

有天理四星居戾五諸侯居巽內廚二星居巳四貴

八星臨而帝座二星居午大理二星居丁天槍三星

居未女床三星居坤天培五星居申陽德陰德二星

居庚內屏二星居見天乚柱史女史三星居辛有左

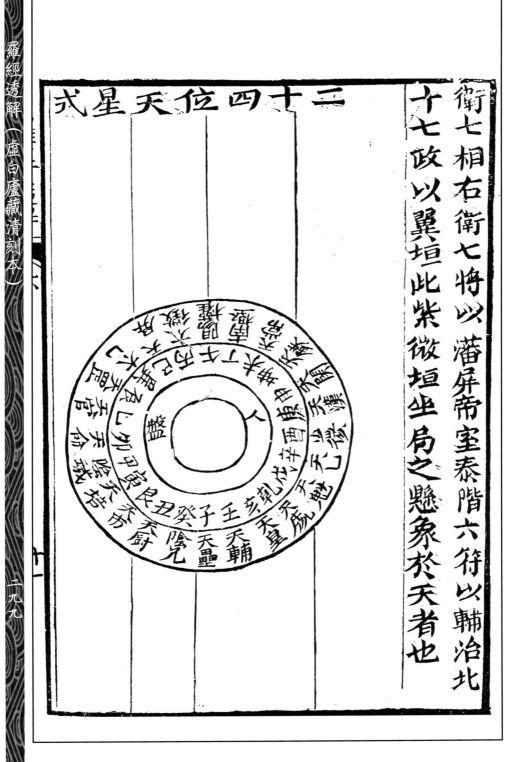

二十四位天星式

衛七相右衛七將以藩屏帝室泰階六符以輔治北
斗七政以翼垣此紫微垣坐局之懸象於天者也

第三十二層渾天星度五行

二十八宿分爲七曜各有所屬而一宿之內又有五

行金十二木十三水十二火十二土十二共六十一

位與透地納音相爲體用納音爲主天度爲賓如丙

子水龍坐火度戊子火龍坐水度爲煞又龍生度爲

泄度生龍爲思此和爲得宜又坐度尅來水度吉來

水度尅坐度凶故曰山尅穴者人多發福穴尅山者

其家少祿穴來尅水財源積聚水來尅穴必賣茶毒

益山尅穴者透地龍之納音尅坐下度也穴尅山者

坐度尅透地龍之納音也穴尅水者坐下度尅來水

之度也水尅穴者求水之度尅坐度也此星度者爲二十八佰經緯度者由諸星登垣而出合盈縮透地以及納音爲關煞斷曰金尅木礙傷土尅水礙疾木尅土瘟瘟水尅火少亡火尅金災殃其天度在十二支中毎宮五位子宮金火水金木丑宮土水金木土寅宮火木火金水土木卯宮木金水土木辰宮火水土木火巳宮金木土火金午宮水土木火水未宮金土水火金申宮木火水金木酉宮土水木火戌宮金土水金火亥宮木火土水木共六十一位其用不爲穿山透地分金作穴之一端而又取一歲爲七十二

輝天度數式

眠每一字管六日　六共三百六十日寅宫多一木

字則又管五□以全周天三百六十五日零三時今

歲冬至對來歲冬至合算三百六十五日三時是為

一歲之用也

係諸星登垣與分金

透地穿山相為表裏

又合每年盈縮六十

龍七十二眠

地盤

第三十三層坐山二十四向盈縮六十龍透地

盈縮之法爲坐山分金架線透地之異用也穿山又
十二龍羅經只載一層合通書穿山爲定以六十透
地經盤載有盈縮平分兩層龍用平分則巒頭八尺
透地作穴以分旺相孤虛煞曜爲用再無容辨矣用
盈縮六十者是朱蔡二公辨之大約取七十二脈先
天十二支之義盈縮考先天經盤十二支亥未起甲
子與子鄰是氣已先至而不失之遲又不失之大早
古人積三十分而後起冬至甲子先後之序爲更要
又以八卦宮位言之平分六甲則每一卦分得七位。

半。合十五位而配成二卦。合三十位而配成囘卦。合

六十位配成一年而配成八卦。更無此多彼少。而卦

位適均。此盈縮龍之卦配合盈縮六十龍細若宿度

五行較論盈縮龍只六十位宿度五行有六十一位

一者位次分度各相分合以應周天六六之數若盈

縮龍抵六十位宿度五行則有六十一位透地屬天

紀之作用。而天氣中不無月分之大小。月分雖有大

小至三年一潤五年再潤。每月各三十日。每年各足

三百六十五日時之數一年十二月。論之則分大小。

自五年六十個月。每年三百六十五日三時。月大月

小。每年不足。或小六日。或小五日。故三年一閏。五年再閏。合一年有七十二唉。以閏月補之。附積卦畫者小雪後陽一日。生一分。積三十日。陽生三十分。而成一畫故爲爻。至一陽生小滿後陰一日。生一分。積三十日。而成三畫故爲夏至。陽積六畫而成乾。乾當四月以足中氣謂之小滿者不可大也。大則亢矣。陰積六畫而成坤。坤當十月謂之小陽春爲陽者。陽不可無也。無陽則純陰用事矣。若國家長治而不乱戒盈而持滿崇陽而抑陰。此平分六十龍合二十四山。二十四氣。七十二唉詳見象吉通書。二十四山分金坐

慶載有一層卦倒正合此盈縮龍作用之功也

一歲之序。分爲四時應平地斗。斗柄東指在寅卯
夜萬物發生於時爲春。斗柄指南。在巳午未萬物
暢茂於時爲夏斗柄指西。在申酉戌萬物收歛於
時爲秋斗柄指比。在亥子丑。萬物閉藏於時爲冬

循環運轉無窮。

盈以應度
縮以應暎

平分六十龍透地式

此架線撥針合
通書透地作用
又與渾天度六十
一字三百六十五
度七十二暌相爲
表裏

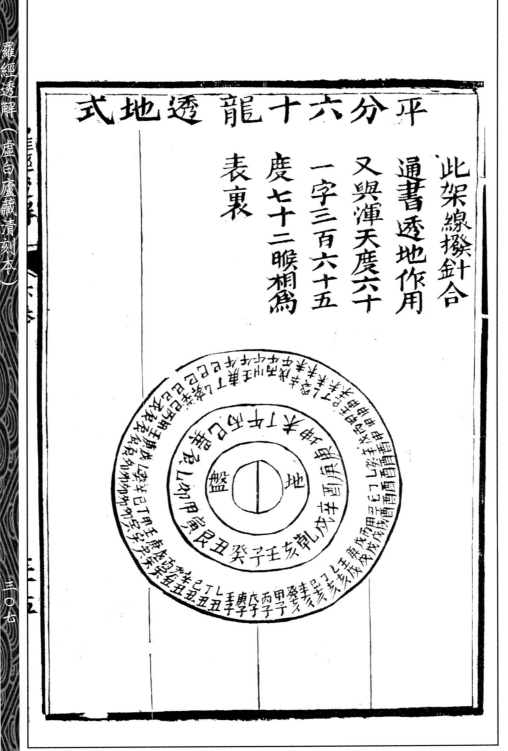

地盤

第三十四層合人盤三十八宿經緯度數

夫三百六十五度四分度之一必頦定一百分以一

度分作四分每分該二十五分故謂之四分度之一

通合人盤消砂二十八宿分上關中關下關所載一

三五七九單數馬子其餘二四六八十雙數未錄學

者詳覽緯地盤二十八宿一層了然矣

三百六十五度式

正地針盤

此度合挨星平
宿相為裹襄人
盤消砂分初關
中關未關在此
耳

第三十五層定差錯空亡紅圈黑点爲用

夫孤虛闕煞差錯空亡由一百二十分金重一六十

甲子與穿山透地相爲表裏出自九六冲合八卦工

下一爻相配如乾卦除中一爻上下皆屬孤陽而無

陰配也坤卦除中一爻上下皆屬孤陰而無陽配也乾

納甲坤納乙乃甲子一旬至乙亥此楊公冷氣脈如

坎卦除中一爻上下屬陰孤陰而無陽配也離卦除

中一爻上下屬陽孤陽而無陰配也坎納於戌離納

於己戌己爲煞曜乃戊子一旬至己亥此楊公敗氣

脈離納壬坎納癸壬癸爲虛乃壬子一旬至癸亥此

楊公退氣脈。艮卦除中一爻上陽媾下陰爻兌卦陰

中一爻上陰爻媾下陽爻二卦陰陽沖合艮納丙兌

納丁。丙丁為旺。乃丙子一旬至丁亥。此楊公旺氣脈

震卦除中一爻上陽巽卦除中一爻上陽一陰

二卦陰陽沖合震納庚巽納辛庚辛為相乃庚子一

旬至辛亥此楊公相氣脈以合穿山透地作用也惟

分每山有五金取丙丁為旺。庚辛為相戌己為煞曜

壬癸為虛田乚為孤若二十四山每山之數十分共

數二百四十分避孤虛煞曜者三分。取旺相者二分

共避四十八位為孤虛避二十四位為空亡。只存回

十八位爲旺相羅經四維八干正中一度爲大空亡

七十二龍縫中一度爲小空亡按空亡度下作一七

字差錯度下作一了字關煞度下作一又字了字抵

穿山火坑即差錯空亡又字郎透地火坑爲關煞每

兩層分金有三紅圈抵穿山透地回十八位旺相分

金爲珠寶此先賢一定自然之用

差錯空亡式

令穿山透地

兩層分金縫。

中載有紅圈

黑点了义字

亡自然而用。

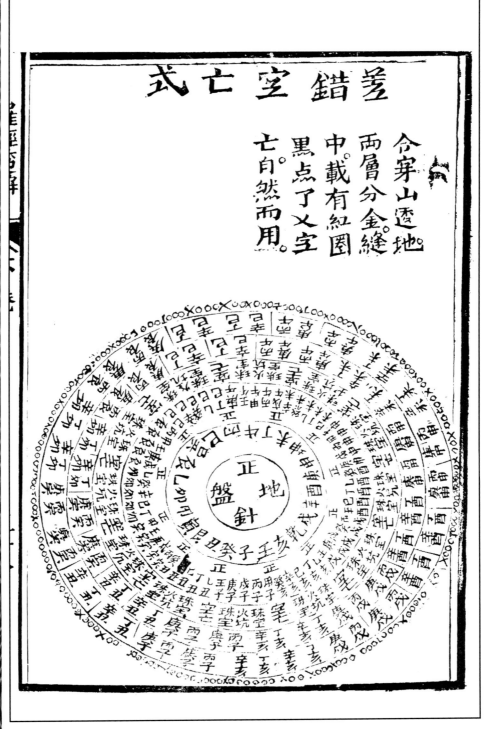

第三十六層、二十八宿配二十四山

蓋二十八宿乃羅經周圍三百六十五度二十五分

宮度分毫自然次序不混。每一度額定一百分。以一

度分作四分。故一分該二十五分。謂之四分度之一。

又有太度杪度。其太度與一度相等。太度九分半度

與被度相同半度五分。少度六分。與半度多一分。以

太度言之。每一度其間有不足一百分。如軫十八度

九十九分。內少一分。此為不足一度者。又如危十五

度九十五分。內少五分。亦皆不足一度者。所以古今

之曆有四變不同。統天曆載女二度過子九十五分。

秒九開禧曆載女宿度九十二分秒九會天曆

九十二分秒八授時曆載女九十六分秒三查古曆

其太陽出沒堯時出箕度今時出虛度風氣厚薄遠

近不同故有多寡之異而　我朝之曆昭昭可考

余以歲差之理推之歷代無不改之曆而西洋曆法

於時憲正合因謂羅經宿度一盤應當改舊從新以

便收山出煞趨吉避凶為人間造福昔賴公以二十

八宿看砂正在此耳每方星有七宿而山只六山依

催官篇柳宿配丁星宿配午張宿配丙翌宿配已則

軫宿一星無山可配而子午卯酉四正之地宜將日

月二宿雙配餘乃一山一宿方妥但配山又有初關

中關末關分次如室火猪共十七度在星度則以初

一二度爲初關八九度爲中關十六七度爲末關以

節候推之逐日挨去則以十六七度爲初關八九度

爲中關一二度爲末關足見經星度數與人盤消砂

相遇吉凶遲速俱在此中辨別其訣在中針人盤換

二十八宿分配二十八宿管二十四山吳角辰亢乙

是禾夘山房心甲屬尾寅箕艮斗丑乃牛癸居女宿

于虛危壬是室亥壁乾係奎戌婁辛胃酉昴畢庚居

觜位帝占參坤井未鬼求丁在柳中午星張丙翼巳

式宿八十二星挨

此挨星人盤合二十
八宿統周天三百六
十五度上中末閏一
山一宿唯子午夘酉
兕取日月隻星配之
消砂爲用乃天機妙
訣也

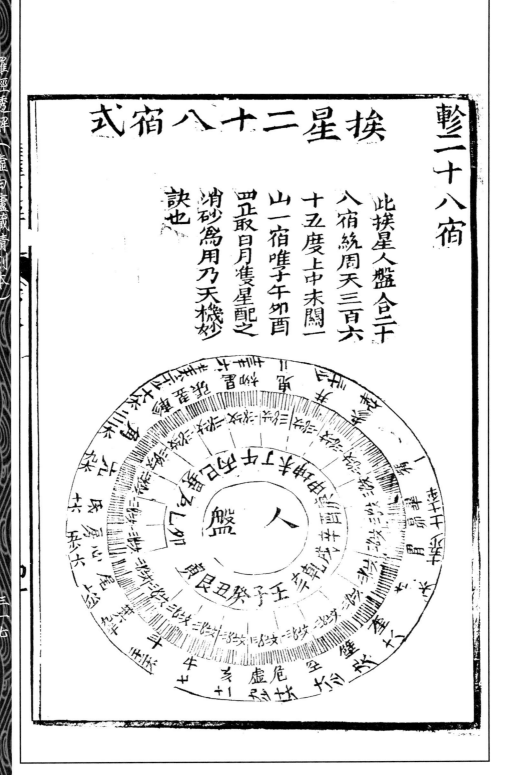

盤人

遊年歌式

此羅經葢面八宅周
書遊年歌紇八八六十
四卦其理至微學者細
詳頂門針了然矣

掌訣

離　巽　坤　兌
乾　艮　坎　震

用翻卦掌五對搼宮
五延六禍天絕伏如乾山
從兌上起生兌山從乾上
起生坤山從艮上起生艮
山從坤上起生翻壬本山
即伏位餘山五相類然

羅經葢面

乾	坎	艮	震	巽	離	坤	兌
六	五	六	延	天	六	天	生
天	天	絕	生	五	五	延	禍
五	生	禍	禍	絕	絕	絕	延
禍	延	生	絕	六	生	生	絕
絕	絕	延	五	禍	禍	禍	六
延	禍	天	天	生	生	五	五
生	六	五	六	延	天	六	天

開門定方

羅經總論

嗟夫羅經之用至此盡矣地理之學無餘蘊矣在上

經天在下緯地萬象包羅至精至微苟能消息陰陽

辨別吉凶則禍福不爽兇神莫逃大有益於人間學

者其可不盡心乎

凿

大清道光四年甲申歲夏五月
　　　　　蜀東定遠縣陰陽學王道享輯錄

四合堂書

九天玄女聖設

三月十五日

地契印式

九天玄
女聖母
律令勑

新訂王氏羅經透解卷三　　四合堂藏板

蜀東陰陽學王方智輯錄

雜覽緊要月錄

龍訣歌　　　　欠情　　　砂鉗　水法

十不葬　　　　十緊要　十富砂　十貴砂

十貧砂　　　　十賤砂　二十八要　官鬼禽曜

論四正　　　　九星箄　九星卯　九星馬

三十六怕　　　二十二好　平枝山谷　富貴貧賤

論鑿得位　　安泰山石　　安吞口　　安賜福板

安菩板　　安白虎鏡　　透塚經　　省草辨墳

辨男女墳　　審古墓　　抽室　　相地點穴

修塔　　修甕壁　　修坊　　修宗詞

羅經全圖隨覽　　文宅興衰　　門光星　　立燈竿

扦油房鐵炉水碓无窒等事　　黄道黑道　　双金煞　　天星砂位

大清道光四年仲秋月鐫

梓人　蒲廷巷　王太明　舒文魁
　　　蒲廷官

（印：王元愷印）

地理之要必以龍穴砂水為最苟不潛心玩索熟

讀胸中則登山芒然不免空疎無據之誚即能尋

龍補穴消砂納水終屬強辨以惑庸夫俗子耳今

將先賢所註龍穴砂水錄載詳明以便後學之用

　龍訣

地理之文繁且多請君聽我龍訣歌雖然微妙不能

盡大綱大旨皆包羅識龍難識死生訣不識死生無

定說屈曲活動龍之生蠢粗硬直龍死絕東扯西攦

龍翻花分歧劈脈龍鬼腳尖利破碎龍帶煞歪斜倒

側龍魂拙無峽無從龍孤卑坦蕩平夷龍放岡分牙

露爪龍尚行藏牙縮爪龍巳停天弧天角龍欲渡峰

腰鶴膝龍巳成峽脈短細龍束氣陰陽分受龍結地

斷而復斷龍脫煞穿田渡水龍過峽中心出脈龍穿

帳尖圓方正龍入相苴來苴出無曲折死鰍死鱔不

伏即起此龍氣旺力無比貴龍重重穿出帳賤龍無

結穴起不能伏伏不起此龍怯弱無力矣起而能伏

帳空雄強強貴龍多自穿心去富龍只從旁生上帳幛

多時貴亦多一重只是富豪樣龍有雌雄號成龍大

小粗細自不同水有雌雄龍成穴左交右界有分合

世間萬物要雌雄單雄單雌無配合高大爲雄低爲

雌雄雄交會方融結大山忽小粗中細先雌後雌當

熟視小山忽大細中粗先雌後雄必結地龍若結地

上星衣尖圓方正自分明三吉郎是尖圓方結地自

然分陰陽陰陽不分不結地何用誇談砂秀麗龍有

變化誠莫測或顯或隱認不得勢有佯詐之多端虛

花奇怪真難識龍有機關之妙巧藏蹤閃跡難尋覓

或有喜怒之非常奇怪令人無主張時師不識喜怒

體聞予大言皆笑取崎嶇嶮峻龍之怒踴躍翔舞龍

之喜假龍多翻作喜穴喜穴人見多歡喜左右灣環

來相抱前賓後主不相照穴中甚好盡不成外山外

水盡無情應凍真官鬼假峽室無情不相惹左右或

高又或低背內面外誰得知時人知此花假穴蓉後

錢財湯潑霅不知龍身又帶殺堪笑時師眼如瞽真

龍專一結怪穴怪穴人見嫌醜拙穴拙穴合自分明定有

陰陽分窠突龍虎左右或不全時師便言房分徧不

識外山隨水抱扳得房分俱一般龍真穴拙不能識

蓉後富貴無休息不知龍真穴中醜拙有何

害凡是真龍正面來身雖屈曲頂不歪撓棹却是蜈

蜙脚兩兩成隻相對着一心一意戀結穴並不斜厌

顧瞻別真龍定然有迎送夾從纏護無缺穴龍若無

四四

纏又無送縱有真龍不堪用纏護愈多愈有氣衆山
衆水來會聚渾如大将坐中軍羅列隊伍俱整備若
是纏護側面走一邊無棹一邊有頂面常顧真龍身
不敢抛離閃處行撓棹向後龍尚去撓棹向前龍已
住向前為順向後逆逆則凶今順則吉邊順邊逆房
分偏邊有邊無護纏環帶倉帶庫是富龍帶旗帶鼓
是貴龍倉庫旗鼓兩邊帶富貴複全真可愛着龍專
着龍過峽峽與穴情一般法過峽有扛則有護免被
風吹脈脊露過峽無扛又無護風吹氣散龍虛慶過
峽宜短不宜長長則力弱氣已殘過峽宜細不宜租

粗則氣溺穴巳無過峽宜狹不宜濶濶則氣散龍力
乏過峽一線短又細蜂腰鶴膝束氣聚束得氣方
結穴氣束不聚亦枉顙硬腰過與仄角中或者結地
猶堪下軟腰過者不堪裁氣若無力束不來要識束
氣不束氣萬物結菓先有蒂要識結地不結地請君
但署吹響器入氣孔大氣亦敬入氣孔小氣則聚聚
則能響散不響方知結地不結地左右有扛龍虎全
左右無扛無龍虎倉庫拱峽則圭富旗鼓拱峽登雲
路倉庫旗鼓兩边拱富貴凂全定不誤金冠霞帔圭
女貴法器鼓笛僧道類若是真龍足登雲天生奇怪

佔中間衆山面面皆回顧唱喏排班列兩行却有朝

山在面前端然正立若朝泰天心十道無偏倚當申

正對面前裹流神屈曲抱尖圓應樂枕對出元然纏

護從托辨假真朝出無從托龍身朝山直來身少曲

真龍屈曲不朝入貪巨武龍富貴局旗鼓倉庫相隨

逐金箱玉印面前排蜂屯蟻聚堆金谷晁施龍定出

侯王四神八將盡歸降二十八宿皆全倂干山萬水

盡迴環此歌龍勝疑龍經熟讀其中意味深更加眼

力精靈玅便是曾楊再世生

穴情

識龍固難當識穴　穴中玄妙難　俗說二五精英真造

化天命神功可咬奪求龍不論　短與長但着到頭之

節五星唯取木土金名曰三吉　爲結穴龐頭明净體一

豐肥頂圓身正始爲奇開挣展翅便結穴身與象山

堂各別上開八字以避風下開八字以盖穴大八字

分龍虎合界定龍脉無扯拽小八字分六下合界定

真氣弗漏泄名曰大口出小豆定然穴從小口出上

無分兮求不真內無生氣可馸　結下無合兮止不明

外無堂氣可愛接上有分兮下有合雌雄交媾方成

穴真穴天生百奇異定有陰陽　分窩突陽來陰受窟

中突陰來陽受突中窩突中復突是純陰窩中復窩
純陽出孤陰不成理自然孤陽不生豈虛説孤陰女
于無夫婦終孤絕陽男子無妻妾女子無夫何有孕男子
無婦終孤絕陽必配陰陰陽配陽酌合始爲良上
陽下陰陰中扦上陰下陽陽內藏陰多陽少莫奏毯
陽多陰少奏毯間陰陽中半中間取片陰片陽挨過
陽陰盛陽衰則就弱陽盛陰衰則就強動處是生靜
是死象死挨生生處裝黜穴既已識真的須辨龍脉
之緩急龍急脉急氣自急葬急鬬殺人絕跡放棺避
毯而奏簷拖出毯外四五尺氣使臨頭不合脚眠乾

就濕真法則氣急理合作虛粘疊土為墾接來脉古

斷烟消氣峽浮虛簷兩過聲猶滴龍緩脉緩氣亦緩

墊緩脫脉退財產放棺避簷而湊毯進入七寸急其

緩氣使合脚不臨頭仙傳穴法不虛擲撲面水底真

奇特漏泄天機免惑疑舌尖堪下莫傷唇齒隙可扦

休動骨龍急脉急氣却急湊急當鋒鋩不得未免鬪

殺與冲刑有禍來時救不及亦須湊簷而避毯栖出

三尺緩其急氣便臨頭又合脚架折逆受氣耳入斜

枕案山不對頂避風走殺回天力龍緩脉緩氣却緩

墊緩冷退如反掌宜於稍急去扦穴急緩相停方得

訣亦須避簷而湊毬進入五寸氣方接此亦合腳不

臨頭順來順受非架折又有陽多無窟突只有微痕

分界合石從水底生紋浪全憑眼力方能決坦然此

子後微凸草蛇灰線蠶辨別兩片蟬翼渺茫砂界股

蝦鬚微抱穴此水有影却無形凸上分開凸下合點

尖只黚水界間上不可透下莫脫亦有陰多此此凹

如酥如湯認不切兩片半角隱隱砂夾滴蟹眼穴中

出此水有名無証佐隱約盡處穴迎接點穴既識挨

窟突湏知扯拽氣漏泄龍虎兩邊要護衛弗使漏胎

並吐舌中乳若高龍虎低露胎吐舌當點檢莫言截

去便無坊須知原跡没包藏截乳必定傷來脉鬪殺
冲刑灾逼迫扯拽亦須知要訣看他氣脉如何出氣已
入袋若扯拽雖扯拽袋內氣不泄氣未入袋若扯拽扯
去袋內無些未中乳若重龍虎輕雖然扯拽氣猶存
本身若輕龍虎重扯去氣少無此用龍穴但要有界
合設一不界氣則泄界穴設或不界龍還因去住夫
買分界龍設或不界穴總然一片無分合界龍界穴
兩無疑融融生氣穴中居有人蓺乘生氣者富貴榮
華定可期

砂鉗

論砂容易不為難總在明人眼界間古怪巍峩猶末
善崎嶇嶮峻未為良倒厌歪斜非吉兆袒雄突兀總
卤頑破碎稜層為刧煞斜飛走竄盡卤映刧山照破
全無地卤煞加臨禍莫當尖圓方正名三吉秀麗清
商曰好山明挣自然照福德端圓的定降禎祥圓者
不宜粗雍腫尖者最忌淒巉岩破在吉方多不吉秀
居卤住福亨昌生砂柔軟如弓角死砂硬直似刀鎗
貴砂尖利生芴筆富砂圓正庫厨舍聚米辦錢富而
巳衙刀毡杖貴難量富則銀魮丼盞注貴兼玉卬與
金箱蟻聚蜂屯財谷地旌旗踗節姓名香石壁稜稜

為蚊盜鎗旗簇簇出強梁順水順砂名退筆墓宅逢
之皆不吉縱有良田過萬頃房興終不一逆之水
砂曰進神向剪財頭財便興若有數重俱逆揮房房
象業曰光榮一砂竄走一砂飛蕩刼家財鬻住居更
有外山背走去路死他鄉不見歸砂若直來如射箭
家遭凶禍年年見左長右三中次房次第推來應驗
龍虎須教曲抱身昂頭踞足悲傷人邊直邊灣虧直
分邊無邊有有房興外砂來抱無空缺干孫百子一
般均妒主擎拳人忤逆拭淚越胭損少丁莫教齊到
溓尖利全胞弟兄也相爭青龍若竄過西宮長房財

產盡皆室白虎竅兮幼小敗兩宮禍福一般同過官

頭轉無妨碍此房人產反豐隆玄武吐舌名退筆必

主中男破敗卤龍虎裏面小明堂須令潔與平冤湯

若有砂墩並石塊瞎斉產難見刑傷外堂也要地寬

分明形似蝦蟇人氣頭狀如屍卧婦人淫猪脂須防

平勿使卤砂碍眼睛最怕離披並敗亂偏嫌混雜不

抄括專羊蹄忤逆亂人倫馬腿牛臂若不識我鵝頭鴨

頸暗私情提藍乞食沿家唱灰袋烟包設火星倒杵

東瓜招腫脚百結鶉衣徹骨貧朝山遠近要相當不

宜主弱對賓強近宜低小尤為美遠則高大最為良

唯是有情無別意方爲眞意可朝揖若是無情不相

慈秀如圭璧也虛開露體獻花眞是醜蛾眉粉黛賣

朱顏探頭仄面男爲盜開脚掀裙女犯姦富貴雖然

係龍尖秀氣須應在朝山筆架科名應有分滿床牙

笏世爲官金籤玉檢翰林院王几金爐學士班玉筮

縣令知州職玉屛駙馬執朝綱席帽模糊皆歲貢綠

袍堆積坐皇堂文筆聯珠弁展誥舉人進士定聯芳

五鳳樓臺具述有狀元榜元探花即

　　水法

水法最爲難具述畧舉大綱釋迷惑世傳卦例數十

家彼吉此函用不得一行禪師術數精欲與中國去
鐘腥乃為唐朝畫久計故意偽造戕蠻經宗廟五行
從此役顛倒顛來假混真亥水艮土反為木坤土靈
木反為金辛金巳大以作水乚木兌金作尖星當初
圭意戕蠻國而今反誤中華人以訛傳訛不能辨因
此五行俱錯亂常覆人家舊祖墳據此水法斷不驗
合者人家財產退不合之家反富貴所以真龍與真
穴至今尚在不能戕自然水法君切記無非屈曲有
情蕊來不欲冲去不直橫不欲返斜不急橫須逆抱
及彎環來則之玄去曲折澄清停蓄定為嘉傾瀉急

流有何益八字分開男女溜川流三弧峯欹傾急瀉
急流財不聚直來直射損人丁左射長男必遭俠右
射幼子受愓惶若然水從中心射仲子之房禍難當
掃脚蕩城子息少冲心射脇孤寡天反噉人離及退
財捲簾堆房與人贅澄清出人多聰俊汚濁生子皆
愚鈍大江朝來田萬頃暗拱爵祿食五鼎飄飄斜出
是桃花男女貪淫敗破家又主出人好遊蕩終朝歌
唱逞奢華屈曲流來水朝定然金榜有名標之玄
流去無妨碍亦出聰明俊偉郎雖然不得狀元第也
出清奇翰苑香水法不拘去與來但要屈曲去復迴

三廻五轉吉顧穴悠悠眷戀不忍別稍可禍福砂水

斷貴賤還須龍上看龍若貴時砂水貴龍若賤時砂

水賤砂是闢中之美女貴賤必然從夫主水如陣上

之精兵要決勝負在將軍唯有六秀合正經兌丁艮

丙及昺辛墓宅逢之皆大吉自然富貴旺人丁述此

一篇真口訣讀在胸中皆透徹免惑時師妄談指禍

無福有須當別

　並搜錄先賢註明緊要捷訣

　地有十緊要

一要化生開帳二要兩耳揷天三要蝦鬚蟹眼四要

左右盤旋五要上下三停六要砂脚宜轉七要明堂

開睜八要水口關欄九要明堂迎潮十要曲廻環

十不葬

一不葬粗頑塊石二不葬急水灘頭三不葬溝源絕

境四不葬孤獨山頭五不葬神前廟后六不葬左右

休囚七不葬山岡撩亂八不葬風水悲愁九不葬坐

下低小十不葬龍虎尖頭

地有十富砂

一富明堂寬大二富賓主相迎三富龍降虎伏四富

水雀懸鐘五富五山高聳六富四水歸朝七富山山

轉腳八穴嶺嶺圓豐九富龍高抱虎十富水口緊閉

十貴砂

一貴青龍雙擁、二貴龍虎高聳三貴嬙娥清秀四貴
旗鼓圓峯五貴硯前筆架六貴官結覆鐘七貴圓生
白虎八貴頓筆青龍九貴屏風走馬十貴水口重重

十貪砂

一貪水口不鎖二貪水落空七三貪城門破漏四貪
水被直流五貪背后仰几六貪四水無情七貪水破
天心八貪濘濘水笑九貪四應不顧十貪孤脉獨龍

十賊砂

一賤八風吹穴 二賤朱雀消索三賤青龍飛去四賤
水口分流五賤 擺頭搖尾六賤前后穿風七賤山飛
走八賤左右皆空九賤山崩地裂十賤有生無寶

二十八要

龍要生旺又要起伏脈要細尖穴要藏來龍要真局要
照堂要明又要平砂要明水要凝山要環水要繞龍
要眠虎要纏龍要高虎要低案要近水要靜前要官
後要鬼又要枕樂兩邊夾照水要交水口要關欄穴
要藏風又要聚氣八國不要缺羅城不要瀉山要無
凹水要不返跳堂局要周正山要高起宜熟記之

二十六怕

龍怕凶頑穴怕枯寒砂怕反背水怕反跳尖怕風吹

山怕乾枯破碎水怕牽牛直射砂怕送水走竄水反

局傾瀉坍怕搥胸虎龍怕墜穴堂怕反斜前怕枯穽

後怕仰瓦窩穴怕頑悶山峯怕八煞水怕兼八煞山

怕坐洩鬼水局怕黃泉龍虎怕斷腰明堂怕野曠穴

前怕鹽胎來脈怕乘煞高怕傷土牛低怕脫氣脈

怕露胎風怕刧頂水怕淋頭又怕割脚穴怕乘風棺

怕挨死龍怕起浪虎怕竄堂羅經上面怕燹金立穴

乘氣怕大坑

羅經透解 卷一

二十二好

龍好飛鸞舞鳳穴好星衣尊重砂好屯軍擁從水好

生蛇出洞龍好不換正星穴好内星藏屏砂好有朝

有映水好如蛇過徑龍好迎送重重穴好遠藏八風

砂好屯起千峯水好形如眠弓龍好草筆頓鎗尖好

四正明堂水好朝陽秀江龍好僧道坐禪砂好如人

卓拳水好如弓上絃龍好有蓋有坐穴好有包有裹

砂好有堆有垜水好有關有鎖

　論平枝山谷心傳屢試驗

凡陽基典陰地一同但看大小與傍城借主並橫龍

可居之耳至於結穴之砂不論孕枝山谷只要寬舒
平坪爲上次要貼身兩砂垈抱以収微忙真水不散
則內氣融注發福無疆然貼身丙砂不必拘其大高
但高尺寸赤有千似之力縱外于似不如也余常見
山谷唱基多是窩鉗發福最速乎洋亦要開口發富
極順葢以其關氣不散故耳經云平洋不開口神仙
難下手必正順來開口真恐爲氣之水窩也不可細
辨至於中起橫闊垂氣借主又以下砂抱裹不可拘
其開口是在心悟

論貴格貧賤好多

青龍背上馬鮀人長房必定入朝廷白虎背上馬鮀

人三房必定出公卿封門山若馬鮀人二五八房貴

子孫青龍星峯入雲霄兒孫金榜有名標太乙貴人

連筆聳長房子孫出公侯白虎生峯插雲霄生峯擺

尾得堅勞必主三房人中舉金榜題名狀元豪對山

文筆起數峯天乙诛入雲霄只要文筆多青氣弟兄

聯芳中得高定作北京名御史天下揚名著錦袍青

龍一砂走如飛去人一去永不回若是尖鎗爲賊死

屍骸抛露在荒坵白虎去硬去不回此砂生人最不

乖熟讀真假如神

看官鬼禽曜

生於案山背後者爲官官要回頭不可太聳聳則照

穴生於主山背後者爲鬼鬼要就身不可太長長則

截氣生於水口中間者爲禽有小山小石有情向穴

者吉生於龍虎肘外者謂曜有小山小石峙立有情

向穴上者吉無官則不貴無鬼則不富無曜則不火

無禽則不榮無官無鬼無禽無曜乃是虛花無下手

之處

論四正

龍無正星不觀穴無正形不安水無正情不灣砂無

正名不闕

　九星筆

貪狼狀元筆巨門高才筆祿存道士筆文曲九流筆

廉貞學士筆武曲貴人筆破軍興狀筆輔弼秀才筆

　九星印

貪狼衙縣印巨門相公印祿存托場印文曲打錢印

廉貞丹青印武曲知州印破軍咨狀印輔弼富貴印

　九星馬

貪狼衙縣馬巨門相公馬祿存會教馬文曲英才馬

廉貞落陣馬武曲太官馬破軍將軍馬輔弼富貴馬

論筆得位不得位

筆

子午夘酉判死筆寅申巳亥訟門筆衣成丑未舟青

安泰山石

五虎日用寅時安

安吞口

高昌尺八寸濶一尺二寸厚四寸埋土八寸用五龍

上濶一尺二寸合十二月下八寸按八卦高一尺二

寸按十二時兩邊共合二十四氣用寅日寅時釘不

可偏斜亦不可釘於獸面忌丑未亥命生人宜避之

天官賜福板　書天官賜福四字

凡人家當面有煞用此板取其二家合睦

安善板　書善二字

必用四月初八辰時請公平正直齒德並著者借其

一言一善能消百惡須要安在現眼處

安白虎鏡

凡人家門首有高樓巷觀寺院旗竿石塔相冲用此

鏡鎮之大吉

文華公黃龍透塚經

恭透黃龍透塚經透入穴內九尺深不論干坟並萬

塚顯見死尸存不存十二火坑人無曉盡在黃龍透

塚經坟前週圍轉三轉知得榮枯死與生凡人疑惑

不肯信吉凶禍福在此分術士不知其中意空得黃

龍一卷經唯有成子至巳亥十二來龍號火坑細查

羅經坟後格入首小脉不羨分一眷雙金並開腦二

眷直射與分金三眷挑鑑及弓水回晉裹氣合分金

五眷宿度不界恨相尅名為是火坑第一火坑尉子

孫泥水多在棺中存定主其家多痲疾瘟瘟疾病損

人丁第二火坑少子孫長子不存少子存穴中虫蟻

時常走棺板雖有只半存第三火坑是純陽透入穴

申生災砂入丁不旺蛇虫害因此見孫壽不長第短
坑是虛陰透入穴中水滿坑左邊尸骨多黑爛樹根
穿板在中心第五火坑孤陽精透入穴中水滿坑黑
骨滿板人不信開棺之後見分明第六火坑無人曉
透入穴中有卤兆亡入尸骨全黑爛鼠耗偷尸不周
全第七火坑是縫中透入穴中定主卤子孫泌外他
州死總之亡合尅山頭周身尸骨皆黑爛家敗人亡
禍來侵第八火坑有原因透入穴中水滿坑淹過棺
木三寸半七人在內不安寧年多棺爛尸骨散年少
棺朽骨黑存第九火坑洩氣病亡入落火自燒身定

圭子孫遭火災三七十一動火瘟又定穴內入寸水
蛇虫常入家不寧第十火坑圭大鹵透入穴中有神
功定主子孫多瘋疾惡毒癀瘟受貧窮又主穴中二
寸水尸骨里爛半黃紅不信請君開穴看黃龍透穴
有神功十一火坑有亥微透入穴中仔細推水去虎
高殺刀現定主棺中尸不全右邊尸骨多里爛左邊
泥土三寸深又主其家多孤寡定產唔哑小聾童十
二火坑是虛陽透入穴中多不祥怪物蛇蟻從頭入
棺木里爛碎紛紛穴中樹根穿在內亡人在墓不安
寧又主鼠耗穿遊定飜尸爛骨泥滿坑此是黃龍真

妙訣千兩黃金莫傳人

論草看墳之應

凡到人家墳上看土色如何在後扯草根近鼻聞有
生氣墳力有蛇虫墳上清秀主子孫興旺若故上無
草主人家貧如墳前破主不利墳土如生身免你又
如灰堆定主水滴成坑泥土滿棺又扯草根看帶白
色有下便是另墳赤色黃根多鈎篆即是女墳坟上
無草乹枯是絕墳老死墳上草根少少無墳上草軟
嫩男墳尖根直不女墳肥根軟弱様搭蓬如草裏里
棺草脚白是無板若　細長是包折埋左右生草肥多

郎是吊死打死墳前　藤纏樹主人吊頸枷鎖墳上栽

花主淫亂此是楊公　真口訣謹慎收藏莫漏洩

辨男墳女墳扯坟　上黃茅草以別之

男墳左邊之土高於　右左邊之草勝於右草根直生

草頭向東

女墳右邊之土高於　左右邊之草勝於左草頭向西

草根曲生

審古墓法訣

抽空審古墓手執羅經於背雙手運羅經指掐字脚

走七步黙唸　天有三奇地有六儀精靈奇怪古然

伏尸黄沙赤土死礫坟基方廣百步隨針見之唸畢

手按住巳字下即有古墓餘字則無

又抽空審訣

兩手執羅經於背口唸建除滿平定走七步指按住

紅字有里字無最馳

龍形下頷虎形下王字象形下鼻龜形下息蛇形下

七寸鳳形下嘲書鶴形下嘲珠獅形下毬蜘蛛下網

心人形下臍陰獸形下尾門黃蛇聽蛤其情在耳鷹

宿平沙其情在蘆織女抛梭動在兩乳仙人獻掌穴

在掌心刀劍形其用範穀弓弩形其發在玩響器

虛出聲金鑽以执爲用粧台必有粉架棋盤點將軍

蘆鞭要識落花蓮葉宜看側露梧桐葉上偏生子楊

栁枝頭出正心蛇形有毒犬性必狂蜈蚣有蜒蚰猛

虎宜看肉案此皆蜇乘生氣陰來陽受陽來陰受

相地點穴

　　巧憑眼力
　　妙在心思

修塔

建塔或省城州府縣鎮坟宅左右前後皆因文峯低
小用羅經中針人盤格定三吉六秀宜生旺食神方
上造立即應士子早登科甲文人上進切忌洩方煞
山豎造立見卤禍

修墻壁

墻壁只徇署寺院書齋造立雖要明亮高長衙署墻
壁宜書貪狼麒麟貪狼即井木犴也其宿最惡上山
食猛虎下河食蝮龍食銅餐鐵食盡民間故取象以
昭觸目驚心之意寺院書齋墻壁宜書烏龍水波魚

修坊

楊公云建坊之說原為節孝忠義設也奉
立必辨方位若坟前宅後朱雀玄武監造立見凶禍
肯建

宜州城府縣市鎮橋梁官道建立則彪炳千秋

如依來龍為山去脉為向與監造同期

建立宗祠

宗祠之建原以尊昭穆重名派培後人耳造宜合四
垣紫微天市太微少徵三吉六秀砂水呈祥之地定

主子孫繁衍世代榮昌

扞油房安鐵爐水碓尾礁等事

扞油房安鐵爐水碓尾礁皆有聲之物震動龍神
大有關係風水之害必辨方依法建立切忌墳前宅
後朱雀玄武向上最凶凡城郭市鎮黃地無碍有訣
云榨响十里敗砌燒四方室

　　立燈竿

燈竿之建無非酬答上蒼除魔以靖地方者也凡立
必高三丈三尺埋土一尺八寸上合三十三天下合
一十八重地獄燈籠上書平安二字燈竿上釘一板
寫緊微垣三字像神位樣

五星聚嶂者金木水火土五星團聚而起是也九星

聚嶂者太陽太陰金水紫氣天財天罡孤曜燥火掃

蕩圓聚而起是也以作龍祖主出至貴福力九凝經

云高尖是樓平是殿請君來此細推辨乱峰頂上乱

石間此處名爲聚嶂山龍神九星行度又名貪巨祿

又廉武破輔弼九星在天成象在地成形楊公以龍

之行度變態無窮必以九星體在龍神廉貞祖山過

峽行度論生尅如貪狼即紫氣木星在祖山發出離

方入坎宫論訣在鉛彈子四卷中九星入宫論禍福

楊廖二公九星歌

廖名太陽楊左輔　高員覆鐘釜廖名太陰楊右弼

低員帶方覓廖兇　金水楊武曲三腦如金宿廖名

紫氣楊貪狼一尖直更長廖名天財楊巨門雙腦

兼凹平廖名天罡　楊破軍金頭火　脚星廖名孤曜

楊祿存搊拳形最真廖名燥火楊廉貞尖斜芒帚

形廖名掃蕩楊文曲斜拖帛一幅此乃九星之正

體九變從此起　訣云龍樓起祖喜廉貞聚嵂山

團五九星下殿辭樓中出帳天乙太乙兩邊迎

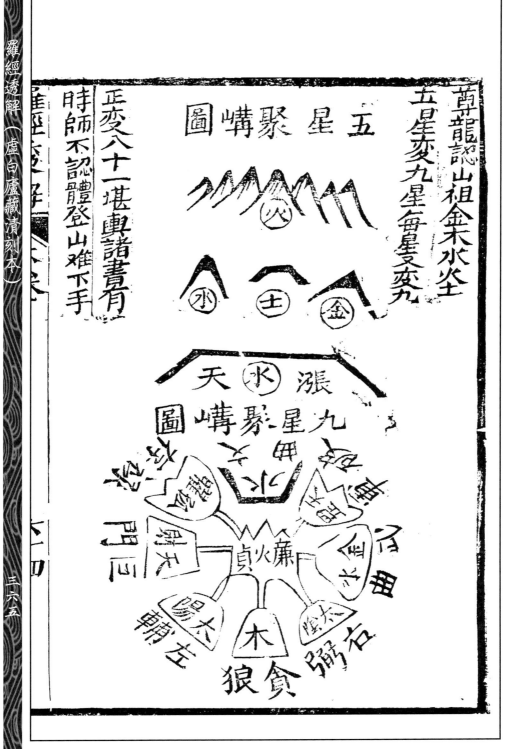

尊龍認山祖金木水火土
五星變九星每星又變九

正變八十一堪輿諸書有
時師不認體登山難下手

五星聚講圖

論羅天大進日　此乃廣東曆錄載

初二進申初四亥初六進子初八卯十二進未十六

辰十八進戌二十丑二十二進巳二十四寅二十六

日進午二十八日酉

凡遇羅天大進日時制退為進不忌

天大退在山必用羅

天大進日時制退為進不忌

六

畜

起

例

乾甲坎癸申子辰

艮丙震庚亥卯未

巽辛離壬寅午戌

坤乙兌丁巳酉丑

十二山辰戌上起一德

十二山丑未上起一德

一山一宮俱順行

一德虎豹狐狸貪艮　太陽豺狼三台苟羅血又刀

共刀砧紫氣

看墳宅興衰論　回合堂　者與天地日月之合也

神

何知人家代代富下砂重重來包顧何知人家代代

貧下關空缺不包墳何知人家代代貴交筆尖峰當

面對何知人家富有各山高一層又一層面知三不

發財只少源頭活水來何知人家眼不明望見明堂

石土堆何知婦人罵老公白虎頭土起尖峯

　論門光星歌　大月起江　小月起湖　有三丘水者過

江湖深萬丈東海浪悠悠九漲波濤急搖船治淺洲

得魚便沽酒一醉臥江流

　論起黃道黑道

道遠幾時通達路遙何日邊鄉有之遠者是黃道無之遠

正七在子二八寅三九在午四十五十一月居申

下十二月在戌宮　黃道黑道歌

青龍明堂與天刑朱雀金櫃天德臨白虎玉堂天牢

是立武司命並勾陳

十二立向犯回莫雙金煞即玄空五行墓絕龍來故忌

坤丁未龍愼立亥癸艮甲丙槷辛戌乾愼立丙丁乙

酉向爍癸丑艮龍愼立乾坤卯午向錄乙辰巽龍愼

子寅辰巽辛巳申庚戌丑未十二尿水土一局

道光四年甲申歲秋八月　羅經透解全書終

羅經透解下卷

凡登相穴者上要頂氣下要合 鉗如兩脉到以短者
為主長者為假微細活動者為 真硬直為假凡看龍
脉踴躍直硬傷龍扞穴若高則 聞脉屍骨冲轉在下
若當面潮水直冲破局水高穴 低直冲腳骨向上頭
骨冲下若龍脉無護送脉低穴 高而露漏氣者水即
滿棺平地高山皆然一般同若 來脉坐下無氣白蟻
足從足下起頭上作窠則骸骨 黑爛若偏空白蟻從
至邊入若偏右白蟻從右邊入 若乎地無氣春夏有
水秋冬有沉夏秋蟄者壞屍春 冬蟄者生白蟻若脉

羅經透解下卷

急來聞脉作穴白蟻即從頭上　起食棺脚下作窠凡

肴老坟若高則傷長房退敗牛　財定主官非疾病若

低傷二房退敗田土官非牛財　疾病凡有新坟破老

坟雖要離老坟棺三尺　則無害　矣若近者傷坟禍及

左長右二前後主二房退敗凡　坟宅左右前後砂水

空缺主窮賤左右砂水圍聚　　房房富貴也

四季墓絕龍來過峽入首遭此四煞最凶剁不可

慎下此等之穴慎之

如戌與乾雙落若乾龍過峽戌戌龍入首慎乘戊戌煞

氣坐穴立主敗絕若乘透得丙戌庚戌旺相穴氣應

生五子之人何也啞聾瞎跛雜子此窩金水狼彼婁

金狗相尅又主小兒驚風疾病之驗也

如辰與巽雙落若巽龍過峽辰辰龍入首慎乘壬辰煞

氣坐穴立主敗絕若乘得透庚甲辰旺相穴氣應

生五子之人缺瘋疤呆駝子此為亢金龍尅角木蛟

之故號曰禽星吞焰若山缺凹風出吐血失紅白疾

痺瘵之應矣

癸未與坤雙　落若坤龍過峽未龍

入首慎乘乙未煞氣坐穴立主敗絶若透得丁未癸

未旺相穴氣應生五子瘵疾吐血崩血之應為鬼金

羊尅井木狂之害也　如丑與艮雙落若艮龍過峽

丑龍入首慎乘巳丑煞氣坐穴立主敗絶若透得丁

丑辛丑旺相穴氣應生五子之入殘病顛狂暗瘀落

水帛傷之應為牛金牛尅斗木獬之故也

若盈縮如渾天變四墓藏金與分金坐度則為煞曜

刴曰金尅木瘵傷土尅水產傷木尅土瘟瘴水尅火

從峽火尅金刀傷駕線分金關　係最宜避之

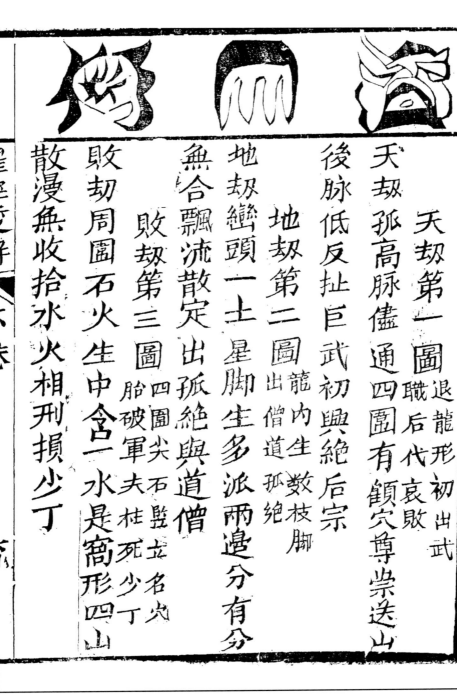

天劫第一圖
天劫孤高脉低反扯巨武初與絕后宗
後脉低反扯巨武初興絕后宗
天劫孤高脉儘通四圍有顧穴尊崇送山
退龍形初出武
職后代哀敗

地劫第二圖
地劫彎頭一土星脚生多派兩邊分有分
出僧道孤絕
龍內生數枝脚

敗劫第三圖
敗劫周圍石火生中含一水是窩形四山
四圍尖石豎立名尖
胎破軍夫桂死少丁

無合飄流散定出孤絕與道僧
散漫無收拾水火相刑損少丁

鬼刼第四圖　寺觀　神壇

鬼刼巒頭與腳砂風吹羅帶渾如他旛符

反扯東西去四水無歸神廟佳

掃火刼第五圖　出邪滛巫師之輩

金頭火嘴即披廉

金頭掃火即披廉左右灣尖順水閒尾矮

頭高中有水邪　巫姦盜敗絕顱

掃蕩第六　圖　腦上生火石屬火窩空屬

掃蕩空窩鑪口形尖剋石熖亂頭生相刑

水水火相刑主外死瘟疫

水火瘟瘴見逃外流離災不輕

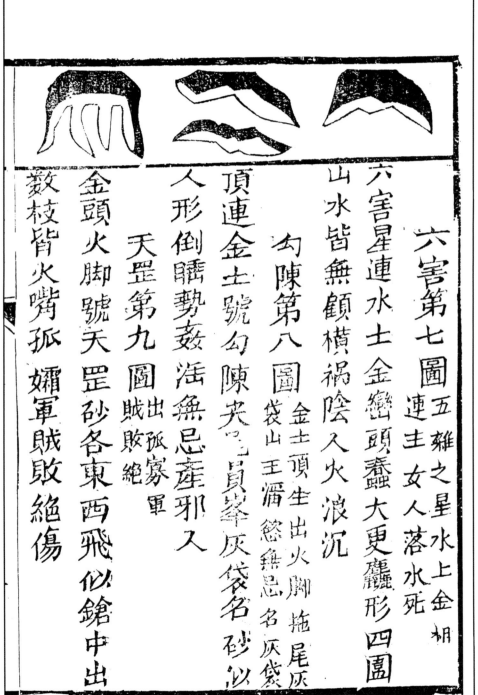

六害第七圖五雜之星水上金胡

六害星連水土金戀頭蠱大更麤形四圖連主女人落水死

山水皆無顧橫禍陰入火浪沉

勾陳第八圖金土頂生出火脚拖尾灰袋山王潘慈鯰思名灰袋似

頂連金土號勾陳尖□員峯灰袋名砂似

人形倒髗勢姦淫鯰思產邪入出孤寡軍

天罡第九圖賊敗絕

金頭火脚號天罡砂各東西飛似鎗中出

敄枝皆火嘴孤嬬軍賊敗絕傷

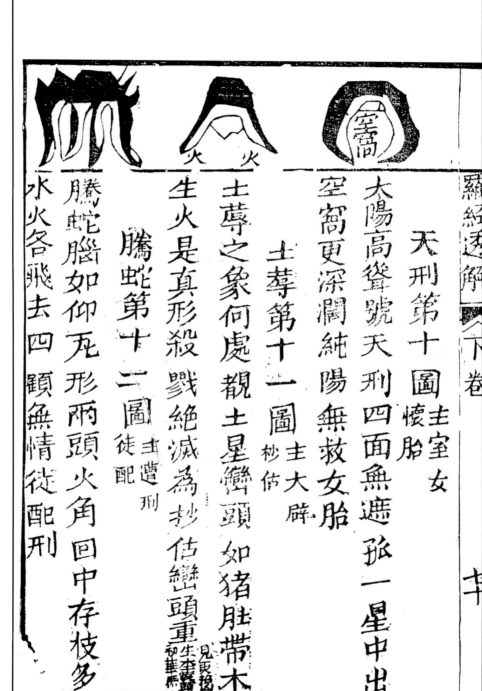

天刑第十圖 主室女 懷胎

太陽高聳號天刑 四面無遮孤一星中出

空窩更深潤純陽 無救女胎 主大辟 抄佑

土尊第十一圖 抄佑 主大辟

土尊之象何處觀 土星彎頭如猪胜帶木 見氏抄 生李鐄 初華際

生火是真形殺 戰絕滅為抄佑巒頭重

騰蛇第十二圖 土遭刑 徒配

騰蛇腦如仰无形兩頭火角回中存枝多

水火各飛去四顧無情徒配刑

天罡巒頭第一凶

高金架火號天罡徒配扛屍瞎跛硤好盜

賊軍癆瘵應鰥寡孤獨敗絕傷穴砂俱火

刑傷重砂火穴窩是救方火脚金頭窩是

救方依又在此中詳

破軍燥二凶星巒頭

破燥失針石焰猧頭邪怪疾更瘟瘴賊軍

瞎跛扛屍賴宅被回祿敗絕硤一個嵯峨

山聳頂再嵯峨于穴塲殺未脫時干禍發

刑傷血刃少年亡左右石殺斷左右前山

石烟糞門當石山員淨成星吉穴配陰陽

見上祥

掃蕩凶星巒頭神斷

掃蕩擺出寨水星浪然無起不生金男姦

女淫無厭足路死家傾更憐情多育陰女

無兒絕寡母時聞有醜聲山若擺斜即文

曲風流洛浦浪飄零腦頭若起肥員嶽金

水龍巒百福臻

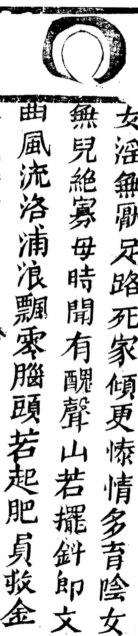

祿存凶星巒頭神斷

孤金無水號祿存惟有砂水救孤金奉樣

饅頭少鉗水陽無陰盛不能生乘金扦埋

屍不壞死絕生與二代貪尤恐箏盤豬屎

節滔奔抓寡亂家聲鵝頸孤來風刧腦縱

有微鉗三滅門　三滅者輔至三代也

文曲空窩寡水星純陽無頂不生金多生

文曲凶星巒頭神斷

覑孕招怪異貧、絕冷退犯姦滛地神作禍

妖魔勝發腫成�863白蟻生造樓激發年旺

一代貧盜奴凌欲知救祚延三四回首巒

頭一點金若是空窩身帶火絕滅瞎跛産

沉論曲砂收水包姦發水走砂飛婦貼入

陰曲男姦陽曲女陰陽男女不同訐起頂

微窩金水救白禍消除福自臻

廉貞凶星巒頭行龍砂穴並斷

相連高火是廉貞只好行龍作祖星砂穴

見廉軍賊敗顛邪怪疾亂倫侵更遠瘟人

殺傷事潑醫人財無點存損起須嬈尖腦

側倒地尤嬈炎過墳逆水尖回名進筆鋒

銛符衛產財興砂燥罷蘆父互有臨機通

變妙如神

覆背筲箕第一凶

覆背筲箕盡屬陰頭員背拱尾齊形孤陰

無救兒當絕中有微窩三代傾前面者還

拖火嘴多遭形憲禍來侵

仰起箔箕第二凶

仰起箔箕窩盡陽少頂無脉口真長多生

鬼怪招非禍姦滛敗絕蟻虫傷外護遮攔

三代滅丙砂有救暫安康

鱉背彎頭第三凶

鱉背孤陰少貼砂凹風一掃不成家不開

窩鉗三代絕畧有踪有三代差左石無砂

絶更速縣砂救護漫與嗟官分左右宜詳

斷缺在何邊禍應他

鼈裙第四凶

鼈裙上陰下孤陽裙陽一塵絶見叩衆欲

裙邊粘脱殺陰陽不姤禍非常水先浸胃

乾生蟻冷退絶嗣二代當砂縣救時災可

緩無砂風刼禍來忙

金剛肚第五凶

金剛肚腫臍又平可知金剛無二形空員

虛腫假生有無遮　風入絕人丁五吉開鉗

剛肚乳內生螺臍是佳城

判官臉第六凶

剉面坑堆虛結作　亂橫敧扯水難合不分

不合氣全無蒲地開窩穴不落誤下一代

絕兒孫田財退敗家暗削有砂蚊得目前

安絕後終須見災禍

瀉體蕩面第七凶

龍散結不成恰似江湖浪不寧蕩而

到穴水散漫中無氣聚少合分只宜神壇

卉寺現坟宅姦貪絶後人

棕櫚葉戀頭第八凶

棕櫚葉出撤了形有分無合穴不成一腦

多枝直向外真水不歸敗絶臨山脚兩開

無收拾女人混亂不堪聞

夜了頭第九凶

夜又頭似茨菰葉兩脚不收各分別中現

一水去直辜紕餘人財皆敗絶又為源從

羅經透解　下卷

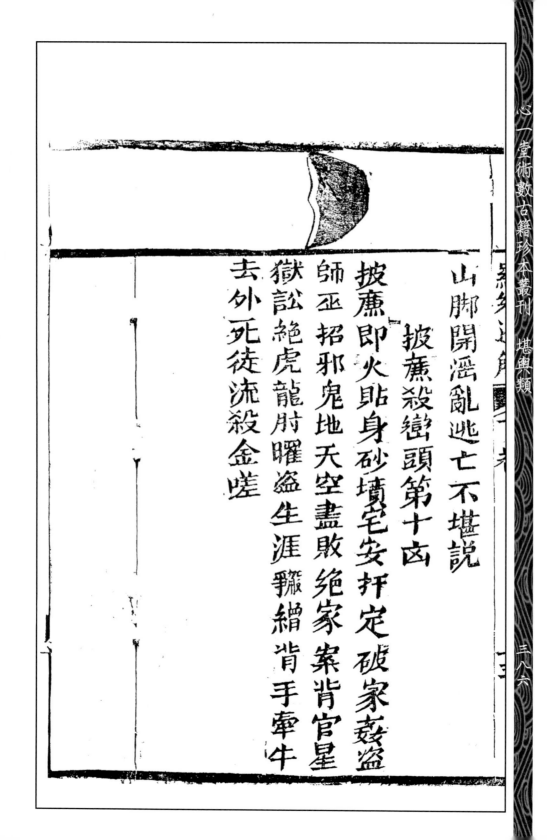

山脚開溜亂逃七不堪說

披蔗殺巒頭第十凶

披蔗即火貼身砂墳宅安扦定破家姦盜

師巫招邪鬼地天空盡敗絕家案背官星

獄訟絕虎龍肘曜盜生涯羈縲背手牽牛

去外死徒流殺金嗟

三